战略性新兴产业科普丛书

江苏省科学技术协会
江苏省能源研究会　组织编写

新能源

王培红　主　编

江苏凤凰科学技术出版社
南京

图书在版编目（CIP）数据

新能源 / 王培红主编.—南京：江苏凤凰科学技术出版社，2020.1（2020.10重印）

（战略性新兴产业科普丛书）

ISBN 978-7-5713-0670-0

Ⅰ.①新… Ⅱ.①王… Ⅲ.①新能源–普及读物 Ⅳ.①TK01–49

中国版本图书馆CIP数据核字（2019）第258755号

战略性新兴产业科普丛书

新能源

主　　　编	王培红
责 任 编 辑	孙连民
责 任 校 对	杜秋宁
责 任 监 制	刘　钧

出 版 发 行	江苏凤凰科学技术出版社
出版社地址	南京市湖南路1号A楼，邮编：210009
出版社网址	http://www.pspress.cn
排　　　版	南京紫藤制版印务中心
印　　　刷	徐州绪权印刷有限公司

开　　　本	718 mm×1 000 mm　1/16
印　　　张	10.375
版　　　次	2020年1月第1版
印　　　次	2020年10月第2次印刷

标 准 书 号	ISBN 978-7-5713-0670-0
定　　　价	48.00元

图书若有印装质量问题，可随时向我社出版科调换。

总序

进入 21 世纪以来，全球科技创新进入空前密集活跃的时期，新一轮科技革命和产业变革正在重构全球创新版图、重塑全球经济结构。战略性新兴产业以重大技术突破和重大发展需求为基础，对经济社会全局和长远发展具有重大引领带动作用，是知识技术密集、物资资源消耗少、成长潜力大、综合效益好的产业，代表新一轮科技革命和产业变革的方向，是培育发展新动能、获取未来竞争新优势的关键领域。

习近平总书记深刻指出，"科学技术从来没有像今天这样深刻影响着国家前途命运，从来没有像今天这样深刻影响着人民生活福祉"，"要突出先导性和支柱性，优先培育和大力发展一批战略性新兴产业集群，构建产业体系新支柱"。江苏具备坚实的产业基础、雄厚的科教实力，近年来全省战略性新兴产业始终保持着良好的发展态势。

随着科学技术的创新和经济社会的发展，公众对前沿科技以及民生领域的科普需求不断增长。作为党和政府联系广大科技工作者的桥梁和纽带，科学技术协会更是义不容辞肩负着为科技工作者服务、为创新驱动发展服务、为提高全民科学素质服务、为党和政府科学决策服务的使命担当。

为此，江苏省科学技术协会牵头组织相关省级学会（协会）及有关专家学者，围绕"十三五"战略性新兴产业发展规划和现阶段发展情况，分别就信息通信、物联网、新能源、节能环保、人工智能、新材料、生物医药、新能源汽车、航空航天、海洋工程装备与高技术船舶十个方面，编撰了这套《战略性新兴产业科普丛书》。丛书集科学性、知识性、趣味性于一体，力求以原创的内容、新颖的视角、活泼的形式，与广大读者分享战略性新兴产业科技知识，共同探讨战略性新兴产业发展前景。

行之力则知愈进，知之深则行愈达。希望这套丛书能加深广大群众对战略性新兴产业及相关科技知识的了解，进一步营造浓厚科学文化氛围，促进战略性新兴产业持续健康发展。更希望这套丛书能启发更多群众走进新兴产业、关心新兴产业、投身新兴产业，为推动高质量发展走在前列、加快建设"强富美高"新江苏贡献智慧和力量。

中国科学院院士

江苏省科学技术协会主席

2019 年 8 月

前言

　　能源是生产、生活的基础，也是推动人类文明进步的重要力量。传统的化石能源是大自然赋予人类的宝贵财富，人们在使用它们的同时，它们也对人类的生存环境造成负面影响，除了产生大量硫氧化物（SO_x）、氮氧化物（NO_x）、粉尘等污染物之外，也导致温室气体二氧化碳（CO_2）的排放量剧增。联合国政府间气候变化专门委员会报告中确认 CO_2 对全球气候变化产生了重要影响。当前，可再生能源、氢能以及核能等新能源重新成为人们关注的重点。新能源大多属于非碳能源（如太阳能、风能、水能、核能等）或碳中性能源（如生物质能等），是环境友好的清洁能源，但为了实现其大规模和安全可靠的应用，需要新技术的广泛支撑。

　　新能源中的太阳能和风能，其能量密度低、不稳定，需要提高其能量转换效率和功率输出的稳定性，因而需要改善其系统构成（如使用风光储多能互补系统等）和先进控制方法应用（如模型预测控制等）。新能源中的核能是最具有商业价值的能源利用方式之一，但核电站运行的安全可靠性技术与核废料安全处置技术仍处于不断地发展和完善过程中。新能源中的氢能是高效清洁的二次能源，为了促进其规模化应用，氢能在制取、存储、运输和高效应用等多方面还需要不断取得新的突破。

　　本书围绕新能源及其相关产业，共分为六个部分：第一章 丰富多彩——能源常识；第二章 能源之母——太阳能；第三章 快速发展——风力发电；第四章 第四能源——生物质能；第五章 科技引领——未来能源；第六章 高效清洁——智慧服务。全书使用大众化语言，介绍相关的科学原理和知识，阐述江苏省地方特色及其产业化发展情况、是公众了解新能源科技及其相关产业发展、提升新能源领域的科学素养的极佳读本。

　　本书写作过程中, 得到东南大学能源与环境学院车明仁、揭跃、陈炜、周宏宇、王万山、刘兵兵、徐铭、叶佳威等的帮助, 谨致谢忱。

《新能源》编撰委员会

2019 年 8 月

《新能源》分册编撰委员会

目录

第一章　丰富多彩——能源常识　　　　　　/ 1

1. 生活中的能量　　　　　　　　　　　/ 2

2. 巧妙利用化学能　　　　　　　　　　/ 5

3. 丰富多彩的能源　　　　　　　　　　/ 7

4. 能源消费结构的演变　　　　　　　　/ 9

5. 常规能源的特点　　　　　　　　　　/ 12

6. 常规能源的负面影响　　　　　　　　/ 14

7. 无处不在的可再生能源　　　　　　　/ 16

8. 可再生能源的特点　　　　　　　　　/ 20

9. 威力巨大的核能　　　　　　　　　　/ 21

10. 什么是新能源?　　　　　　　　　　/ 23

11. 什么是清洁能源?　　　　　　　　　/ 24

12. 常规能源与温室效应　　　　　　　　/ 26

13. 方兴未艾的洁净煤技术　　　　　　　/ 28

14. 从常规能源到新能源的跨越　　　　　/ 30

第二章　能源之母——太阳能　　　　　　/ 33

1. 走近太阳　　　　　　　　　　　　　/ 34

2. 太阳能是能源之母　　　　　　　　　/ 37

3. 阳光采集导入与动植物生长发育　　　/ 39

4. 真空管式太阳能热水器　　　　　　　/ 41

5. 太阳能开水器　　　　　　　　　　　/ 42

6. 太阳能集热器　　　　　　　　　　　/ 43

7. 太阳能电池　　　　　　　　　　　　/ 46

8. 我们身边的光伏企业　　　　　　　　/ 50

9. 家庭光伏电站的收益分析　　　　　　/ 52

第三章　快速发展——风力发电　　　　　　　　　　/ 55

1. 江苏省的风力资源　　　　　　　　　　　　　/ 56

2. 风力发电机　　　　　　　　　　　　　　　　/ 56

3. 影响风力发电机发电量的主要因素　　　　　　/ 59

4. 我国风力发电机的主要功率等级和技术参数　　/ 61

5. 并网风力发电　　　　　　　　　　　　　　　/ 62

6. 风功率预测的重要性　　　　　　　　　　　　/ 64

7. 江苏省的风力发电装备制造产业　　　　　　　/ 65

8. 特殊的风力发电机　　　　　　　　　　　　　/ 66

9. 陆上风电场与海上风电场　　　　　　　　　　/ 68

10. 非并网风力发电　　　　　　　　　　　　　　/ 71

第四章　第四能源——生物质能　　　　　　　　　/ 75

1. 种类繁多的生物质能　　　　　　　　　　　　/ 76

2. 农林废弃物的用途　　　　　　　　　　　　　/ 77

3. 秸秆的资源化利用　　　　　　　　　　　　　/ 79

4. 生物质气体燃料　　　　　　　　　　　　　　/ 81

5. 生物质制备活性炭　　　　　　　　　　　　　/ 82

6. 世界性难题——垃圾围城　　　　　　　　　　/ 83

7. 垃圾焚烧发电的典型案例　　　　　　　　　　/ 85

8. 餐厨垃圾与生物柴油　　　　　　　　　　　　/ 87

9. 生物质直燃发电　　　　　　　　　　　　　　/ 90

10. 性能优越的生物质成型燃料　　　　　　　　　/ 91

11. 燃煤电厂生物质掺烧　　　　　　　　　　　　/ 93

12. 生物质气化与燃煤火电联合运行　　　　　　　/ 95

第五章　科技引领——未来能源　　　　　　　　／ 97

1. 高安全性的第三 / 第四代核电技术　　　　／ 98

2. 太阳能光热利用　　　　　　　　　　　　／ 101

3. 染料敏化太阳能电池　　　　　　　　　　／ 105

4. 洁净煤技术的必要性　　　　　　　　　　／ 106

5. 不可或缺的氢能源　　　　　　　　　　　／ 108

6. 形式多样的非常规天然气　　　　　　　　／ 110

7. 储量巨大的可燃冰　　　　　　　　　　　／ 113

8. 核聚变的无限魅力　　　　　　　　　　　／ 116

9. 取之不尽的海洋能　　　　　　　　　　　／ 118

10. 深层地热知多少　　　　　　　　　　　／ 121

11. 太阳能空间发电站　　　　　　　　　　／ 123

12. 人工光合作用　　　　　　　　　　　　／ 125

第六章　高效清洁——智慧服务　　　　　　　／ 129

1. 电能的输送　　　　　　　　　　　　　　／ 130

2. 热能的输送　　　　　　　　　　　　　　／ 132

3. 江苏省及国内天然气发展现状　　　　　　／ 135

4. 消费者与供应者的双重身份　　　　　　　／ 138

5. 多能互补发电　　　　　　　　　　　　　／ 140

6. 多能互补供热　　　　　　　　　　　　　／ 143

7. 天然气不只用于取暖　　　　　　　　　　／ 146

8. 综合能源服务平台　　　　　　　　　　　／ 148

9. 实现用电优化的响应机制　　　　　　　　／ 150

10. 智慧能源　　　　　　　　　　　　　　／ 151

第一章

丰富多彩

——能源常识

1. 生活中的能量

随着科技的发展与生活水平的提高，在现实生活中，道路上飞驰的汽车、天空中飞过的飞机、大海里航行的巨轮都再常见不过了。人走累了需要休息，相比于人，这些交通工具却可以不知疲倦地行驶很长一段时间。当然，这些交通工具是不会自发运转的，需要借助内燃机、电动机等所谓的发动机给它们一些外力的作用。我们都知道要想马儿跑，又不给马儿吃草，这是不合理的。同样的道理也可以用在发动机上，只有给发动机一些能量，它才能开始运转。

什么是能量呢？能量可以看作物体做功的本领，要做功就要消耗能量。

作为物质运动的度量，能量形式多种多样，主要包含化学能、热能、机械能、电能等。

（1）化学能

世界上的大部分物质都是由数不清的很小很小的粒子——分子组成，分子是保持原有物质化学性质的最小粒子。然而，分子还不是最小的粒子，分子由原子构成，而原子则由两部分组成（图1-1）：一部分是位于原子中心位置的一个密实的个头很小的核，这个核我们把它叫作原子核；另一部分则是环绕原子核转动的粒子，我们把这种粒子称作电子。

图1-1 原子结构示意图

而化学能的来源，正好与原子运动有着密切的关联。顾名思义，化学能就是物体在发生化学反应时吸收或者释放的能量。在化学反应过程中，原子核外围的电子的位置和运动状态发生了改变，同时伴随着化学能的吸收或释放。

在我们的生活中，燃烧就是最常见的一种化学反应。比如，煤、石油等燃料燃烧时，我们能很明显地感受到周围的温度升高，而这也正是储存在煤、石油等燃料中的化学能以热能的形式释放出来的结果（图1-2）。

（2）热能

在寒冷的冬天，我们总会不由自主地做这样一个动作：通过搓动双手让手变得更加暖和。那么，在这样的过程中手为什么会变"热"呢？

图1-2 煤炭燃烧，化学能以热能形式释放

从微观角度来看，其实我们双手的表面是由许许多多的分子组成的，而这些分子每时每刻都在做一些"横冲乱撞"的没有规则的运动，它们所具有的能量叫分子动能，所有的分子动能加起来，就是物体具有的热能。

当我们冬天搓动双手的时候，加剧了手表面的分子之间的无规则运动，使得分子运动变得更加"剧烈"，最终导致分子动能增加，故

图1-3 搓手取暖

而热能也随之增加。我们能明显感受到手变得更加暖和，这也正是我们对于热能最直观的感受（图1-3）。

（3）机械能

机械能是物体动能和势能的总和。

动能，顾名思义，就是由于物体处在运动状态而具有的能量。当我们在路上奔跑时我们就具有了一定的动能。

势能又分为重力势能和弹性势能，是物体由于其位置或状态而具有的能量。由于物体在高处而具有的势能称作重力势能。就比如爬楼梯爬到高处，我们就具有了重力势能。由于物体形状发生变化而具有的能量为弹性势能，比如被拉伸后的弹簧就具有弹性势能。

在生活中，机械能变化的场景随处可见。比如，当我们去游乐园玩的时候，很多人都有乘坐过山车（图1-4）的体验，坐在过山车中，人的移动速度和高度随时随地发生着改变，从能量的角度来看，就是动能和重力势能的改变。

图1-4 乘坐过山车

（4）电能

电能是人们最熟知也是最常见的一种能量了。在生活中，各种各样电器（图1-5）的运转都需要电能，比如电视机、电脑、台灯等。启动这些

图1-5 常见的家用电器

电器前需要做的第一件事就是接通电源，这是因为维持这些电器运转是需要消耗电能的。通电后，这些电器消耗的能量就是电能。

（5）能量的转换和转移

以上介绍的能量在一定条件下可以通过一些途径让它们之间像孙悟空一样变来变去，相互转换，从一种能量转化为另一种能量。这一过程称为能量的转换。

根据能量守恒原理，能量既不会凭空出现，也不会无故消失，但可以相互转换。比如，在冬天，我们烧煤取暖是将煤炭中储存的化学能转化为热能；而钻木取火则是将动能转化为热能……

能量可以实现空间上的转移，电网、热网可以方便地将能量从（热）电厂输送到千家万户，供企业和居民生活使用。

能量也可以在时间上转移，这就是现在非常时髦的储能了。抽水蓄能电站可以在用电低谷时段利用多余电能将水提升到高位水库，存储起来。到了用电高峰，再利用高位水库的水驱动水轮发电机组发电，供用户消费。除了抽水蓄能之外，压缩空气储能、电池储能、超级电容储能等技术也得到了很好的发展。

2. 巧妙利用化学能

（1）火力发电的小秘密

电是日常生活中必不可少的东西，而生产电能的工厂就是发电厂。发电厂的种类很多，根据输入能量的不同，有火力发电厂、水力发电厂、核能发电厂等多种。其中，火力发电厂是指通过燃烧化石燃料释放热能并最终转化为电的发电厂，又细分为燃煤火力发电厂和燃气火力发电厂。由于我国煤炭资源相对丰富，所以燃煤火力发电厂是生活中最常见的发电厂。

在燃煤火力发电厂中有专门用于燃烧和热量转换的设备，叫作锅炉。电厂通过输煤皮带将煤炭送入锅炉内燃烧，将储存在煤炭中的化学能转化为烟气的热能，烟气的热能通过一种用于交换热量的设备——换热器对送入锅炉换热器中的高压水进行加热。加热后，水的温度升高。当水温足够高时，水会蒸发并形成水蒸气。这些高温高压的水蒸气被送入汽轮机后，推动汽轮机内的动叶片转动，带动与转子连接的汽轮机轴的旋转。汽轮机轴带动发电机转子旋转，在发电机内切割磁力线最终将转子旋转的动能转化为发电机输出的电能。这些电能输送到千家万户中，为我们使用的各类电器提供维持其正常工作的电能（图1-6）。

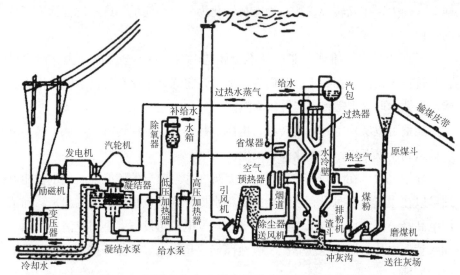

图1-6　在燃煤电厂中，煤炭的化学能最终转化为电能

（2）强劲的汽车发动机

在我们生活中，汽车已经是最常使用的交通工具，而汽车的动力源泉就是汽油内燃机。大多数汽车都是将汽油作为燃料喷入内燃机的汽缸中，使其燃烧膨胀，在这个过程中释放大量的热能（图1-7），再通过一系列的机构将这种能量"引导"到车轮上，最终转化为车轮转动的机械能。正是使用了这种精巧的发动机，我们才可以乘坐汽车，领略大好河山，极大地方便了交通出行。

能量的转换与利用无处不在，科学技术的不断进步，使能量的转换越来越安全、便捷，也为我们的生活带来越来越多的便利。

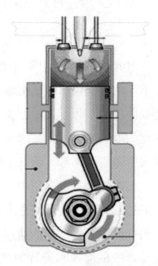

图1-7　汽车内燃机原理图

3. 丰富多彩的能源

既然能量不会凭空产生也不会无故消失，那么能量是从哪来的呢？

这里就要提到能源了。能源，从字面上解释就是能量的来源。诸如自然界中存在的煤炭、石油、天然气等化石燃料就是我们生活中常见的一次能源。

能源无处不在，能源的种类繁多。生活中常见的能源不仅包括固体燃料（煤炭）、液体燃料（石油）、气体燃料（天然气）等化石燃料，还有水能、太阳能、核能、风能、地热能、生物质能等（图1-8）。其中，化石燃料是动植物埋藏在地下或者海底经过许多许多年才转变成各种可供人类使用的燃料。我们可以根据能源的不同特点，从不同的角度对其进行分类。

图1-8 几种常见能源（风能、煤炭、水能、太阳能）的利用

能源作为一种自然资源，伴随能源消费，其会不断减少。

（1）根据能源的形成方式分类

能源可以按照其形成的方式，分为一次能源和二次能源（图1-9）。一次能源是指在自然界直接获得的能源，如煤炭、石油、天然气、太阳能、水能等；二次能源则是指由一次能源经过加工、转换得到的能源，如电能、蒸汽或热水携带的热能，以及汽油、柴油等石油制品。

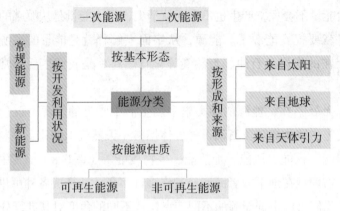

图1-9 能源分类

一次能源按照是否可再生的特性，又可分为可再生能源和不可再生能源。可再生能源包括太阳能、水能、风能、地热能等；不可再生能源包括煤炭、石油、天然气等化石能源，用了就会消失，是不可再生的。

（2）根据能源存储特点分类

根据能源的存储特点，可以将其分为过程性能源和载能体能源。其中，过程性能源指的是比如风能、流水的动能、太阳辐射能等无法直接存储，只能存在于"过程"中的能源；而载能体能源则指的是各种化石燃料（如煤炭、石油、天然气等）、草木燃料、地下热水等可以直接存储于某种形态物体中的能源。

（3）根据能源的来源分类

根据能源的来源，能源可以分为来自地球外部的能源（如太阳能）、来自地球内部的能源（如煤炭、石油等），还有来自天体间相互作用的能源（如地球与月球相互作用的潮汐能），等等。

（4）根据能源开发利用程度分类

根据能源开发利用的程度，能源可以分为常规能源和新能源。常规能源也叫传统能源，是指已经大规模生产和广泛利用的能源，常见的有煤炭、石油、天然气等；新能源则是指需要新技术支撑进行系统开发和规模化利用的能源，如太阳能、风能、海洋能等。

自然界存在着种类繁多的能源，不同的能源种类之间存在直接或间接的依存关系。

4. 能源消费结构的演变

伴随着主体能源消费结构的变化，人类社会在历史的发展过程中经历了三个能源时期，分别是薪柴时期、煤炭时期和石油时期。下面让我们跟随着历史的脚步走近这三个能源时期。

（1）早期的薪柴时期

火一直伴随着人类的繁衍和进化。人类最早对火的认知来源于自然灾害，比如火山喷发以及雷电引发的森林大火。当我们的祖先发现火可以用来煮熟食物和抗寒取暖之后，人们从单纯的畏惧火转变成为有效地利用火。钻木取火、火石取火和保留火种等技艺，在人类生存繁衍和文明进步中发挥了重要的作用。

但无论是生火还是保留火种，都需要不断地添加树枝、干草等燃料来维持燃烧，以确保火不会熄灭。这个过程中所不断使用的树枝、干草等，正是人类早期使用的薪柴能源，这可以说是人类使用的第一代能源了。

薪柴能源，以林木树枝、农作物秸秆为主要代表。在历史上很长一段时间，柴灶可谓是家家必备，甚至现在一些农村仍旧保留着这样的设施，一些特色餐厅也以柴灶烧制的饭菜作为其主打美食（图1-10）。

图1-10　中国古代烧柴做饭

人们通过薪柴的燃烧加热吃上了熟食，但燃烧薪柴不仅仅只用于生活餐饮，也可以利用其燃烧过程所产生的烟气热量进行取暖，燃烧的火焰用于照明。

薪柴，源于自然，生生不息，是典型可再生的生物质能。在人类发展的早期，因其数量巨大、获取方便、使用简单等特点成为生产生活的主要能源，占据历史舞台长达一万年之久，最终在第一次工业革命之后其地位才被其他能源所取代。

从历史的发展角度来看，薪柴能源的使用对我们人类的意义非常重大。它使我们人类的生存条件得到了极大程度的改善，让我们从黑夜走向光明，让我们从寒冷走向温暖，让我们逐渐摆脱了自然条件的约束，促进了人类社会的发展和进步。

（2）工业社会的煤炭时期

能源的开发与利用，推动着人类社会文明的发展与进步。

煤炭是古代的植物埋在地下后，经过了很长时间一系列复杂的生物化学和物理化学变化，形成的一种可以燃烧的固体矿物。煤炭在燃烧时释放出的热量很高，是薪柴的好几倍，并且获取方便。因此，伴随着工业化发展，煤炭逐渐成了能源消费的主力军。

以煤炭为燃料，蒸汽机（图1-11）的发明及其广泛运用，极大地提高了劳动生产率，为机械化奠定了基础。煤炭的开发与利用，还促进了炼铁行业的发展，为装备制造创造了条件，煤炭也因此成为第一次工业革命的主引擎。

电磁学理论的发展以及燃煤火力发电的大规模应用，电力输配以及电网技术的创新发展，更加速了电气化的进程，并引发了第二次工业革命。

图1-11 蒸汽机驱动车轮

以煤炭大规模利用为标志，世界能源结构发生了第一次大转变，人类使用的主要能源从薪柴能源转向煤炭能源。

（3）现代社会的石油时期

煤炭燃烧过程中，产生了大量的污染物，如二氧化硫、氮氧化物以及粉尘污染物等，造成严重的大气污染。1952年12月5日发生的伦敦烟雾事件就是煤烟型污染的典型事件。

随着社会的不断发展，到20世纪中期，伴随着石油、天然气等资源的大规模开发，世界能源结构发生了第二次大转变，石油、天然气逐渐替代煤炭成了世界的主要能源。

石油和天然气相较于煤炭，热值更高，燃烧时会释放出更高的热量。不仅如此，它们的用途更为广泛。开采出的原油经过加工可转换为汽油、柴油等供给汽车、船舶等作为内燃机的燃料，此外，它们还是理想的化工原料，可用作塑料、纤维、橡胶等的合成（图1-12）。天然气无须重复加工就可直接作为燃料，并且储存、运输方便，也可作为化工原料用于合成氨。

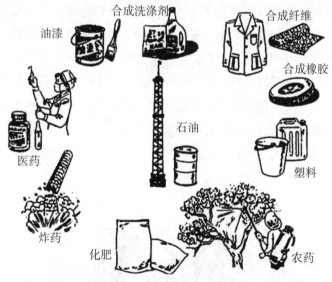

图1-12　石油广泛应用于生产

随着内燃机的推广与应用以及石油化工产业的发展，石油逐步取代了煤炭在能源消费中占据的主导地位。

煤炭、石油和天然气构成现代工业社会的三大支柱性常规能源。常规能源是最主要的商品能源，即在流通环节大量消费的能源。而那些农户自产自用的薪柴、牲畜粪便等，则属于非商品能源。

5. 常规能源的特点

常规能源指的是在技术上成熟、已大量生产并广泛利用的能源，比如煤炭、石油、天然气等化石燃料。常规能源作为能源使用，具有能量密度高、商业化和规模化应用技术成熟等特点。不仅如此，常规能源还是不可或缺的化工原料。

单位质量或单位体积所产生的能量叫作能量密度，常规能源具有比较高的能量密度，通常情况下，我们可以通过比较能量密度的大小，来衡量相同重量的化石燃料释放的能量多少。按照单位质量的能量密度计算，天然气的能量密度最高，石油次之，煤炭排在最后。但如果按单位体积的能量密度计算，则石油最高，煤炭次之，天然气排最后。

（1）常规能源的商业化和规模化应用

目前来说，常规能源实现了商业化和规模化的应用，各项技术也已相当成熟。无论是固态的煤炭、液态的石油还是气态的天然气，它们的开采、储存、运输乃至充分利用的过程都是十分庞大而且复杂的。

为了能够开发和充分利用这些常规能源，我们投入了巨大的精力和金钱，建立了一套完整的成体系的储运系统，研制出了各种结构复杂的转换系统和设备，实现了对这些常规能源的高效利用。

以煤炭用作发电为例，经过煤矿开采出来的煤炭（图1-13），通过铁

图1-13 煤炭开采

路、公路以及江海船运等贯通全国的货运网络，送达燃煤火力发电厂。在电站锅炉中，燃料燃烧产生的高温烟气经过汽水系统内各种类型的换热设备，将烟气热量转化为高温高压的水蒸气。水蒸气在多级汽轮机内驱动汽轮机轴旋转，并拖动发电机。发电机经复杂的电磁转换，将汽轮机轴功转化为发电机的电能输出。此外，电站锅炉的烟气还需要经过脱硫脱硝达标后排放。我国

图1-14　燃煤电厂

的燃煤火力发电无论是装机容量、控制水平还是排放标准均达到国际领先水平（图1-14）。

（2）常规能源也是非常重要的化工原料

煤炭素有"工业的粮食"之称，除了用作能源之外，还是非常重要的化工原料。以煤化工为例，其可转化的主要化学品包括：甲醇、合成氨、化肥、聚烯烃、乙酰基产品、甲醛、醋酸乙烯和丙烯酸等。

石油除了转化为汽油、柴油以及航空煤油，为汽车、船舶和飞机等交通运输提供动力外，也是非常重要的化工原料，与之对应的是庞大的石油化工产业。

我们可以从常规能源中提取化学品，用于生产许多在生活中有用的产品。

举个例子，比如煤炭在炼焦的过程中会产生煤焦油，而煤焦油正是制作合成染料、合成橡胶、化肥、塑料的原料；再以石油为例，在经过提炼之后可以用于制作合成纤维，用来加工成衣物，还可以提炼出沥青，用来铺设公路，等等；而天然气更可以用来合成氨和甲醇等，用于化肥工业和制药工业。

为了应对全球气候变暖的威胁，常规能源将逐渐减少其作为能源使用的比例，而逐步提高其作为化工原料使用的份额。

6. 常规能源的负面影响

常规能源的大规模应用，虽然对人类社会的经济发展和社会文明发挥了非常巨大的作用，但与此同时，也带了许多负面影响。一方面会导致自然资源的枯竭，另一方面则会对我们赖以生存的环境造成破坏。

（1）自然资源的枯竭

社会在不断发展，人类的生活、工业生产和商业运行对能源的需求在不断扩大，常规能源过度消费的弊端逐步显现。常规能源的开采难度越来越大，易开采的煤矿、油田不断枯竭，有限的储量和巨大的需求之间矛盾突显，甚至不少能源的储量年限只剩下短短几十年。

这些我们习惯使用的常规能源，并不是取之不尽、用之不竭的，而是用一点就少一点，在短时间内根本没办法再生，甚至就目前的储量来说也只能够维持人类使用一段时间。从长远角度来看，如果我们一味地盲目开采，毫无节制地滥用，我们终将会面对能源枯竭的问题。

随着早期易开采的煤矿、油田不断枯竭，后期开采难度越来越大。在50多年的时间里，大庆油田已累计生产原油20多亿吨，被誉为"世界石油开发史的奇迹"，但目前大庆油田的剩余储量开采难度逐渐变大，同时伴随着开采成本的逐渐增加。

传统的资源型城市在过度开发之后，留下了满目疮痍的自然环境。我国抚顺市的抚顺煤矿在20世纪五六十年代曾是中国最大的煤矿，但在历经百年的开采之后，抚顺煤矿的煤炭资源也逐渐枯竭（图1-15）。

（2）造成环境的污染

常规能源大规模应用的同时也给环境造成了污染。

煤炭燃烧所排放的二氧化硫、氮氧化物和粉尘，是形成酸雨、雾霾等环境污染的罪魁祸首。近些年，雾霾天气的不断出现让我们能够很明显地感受到我们呼吸的空气变得愈发糟糕，危害着我们人体的呼吸系统。而酸雨则会酸化水质，造成浮游生物的死亡，影响鱼类的生存和繁衍。除了危害生物之外，酸雨还会酸化土壤，破坏土壤结构，使土壤中有益的矿物质流失，造成树木死亡、农作物减产（图1-16）。

此外，煤炭、石油等化石燃料在燃烧时会产生大量的二氧化碳，这些二

图1-15　抚顺煤矿枯竭

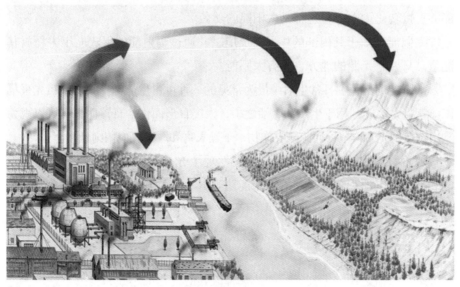

图1-16　燃煤工厂排放有害气体，引发酸雨

氧化碳排放到大气中，会使得大气中的二氧化碳浓度增加，并导致大气对太阳辐射吸收的增加，从而使得大气变暖，全球气温上升，极端天气以及自然灾害增加，严重威胁到人类生存和发展。

以化石燃料为代表的常规能源为人类社会的发展立下了汗马功劳，但它们并不是无限的，如果我们毫无节制地开发使用，终有一天，这些能源会枯竭殆尽。而且不可否认的是它们在使用中也对环境造成了污染，威胁着我们赖以生存的生态环境。

7. 无处不在的可再生能源

为了实现我国经济社会的高质量可持续发展，党的十八大以来，我国高度重视生态文明的建设，制定了严格的环境保护的法律、法规和标准。

为了应对全球气候变化，我国对世界承诺，将大力提升可再生能源在能源消费总量中的占比，积极探索和实践可再生能源的规模化利用。

事实上，环境友好的可再生能源几乎无处不在。

（1）太阳能

太阳，自古以来就是希望的象征。太阳光给地球送来温暖和光明，甚至能够直接转化为电能，这都是太阳能的功劳。

太阳能来源于其内部的核聚变反应，并通过辐射能的形式向宇宙释放其能量。只要有光照的地方，就有太阳能。

太阳能也是我们日常生活中最为常见的一种可再生能源。我们的祖先很早以前就将太阳能利用于生产和生活之中，人类日出而作，日落而息，可以视为利用自然采光的典范；而晾晒农作物、干燥衣物和取暖等应用则延续至今。

随着科学技术的不断进步，人们发现了光伏现象，并据此制造了太阳能硅晶光伏电池和各种类型的太阳能薄膜电池，将阳光直接转换为电能（图1-17）。我国著名的西藏"光明工程"，就是利用太阳能光伏发电改善西藏民众生活的典型案例。

（2）水能

水是生命之源。大江大河中的水奔流到海，连绵不断，奔腾不息，在这个过程中，水流蕴含着巨大的动能。存储于高位水库中的水则具有势能，而且随着水的高度差越大，其所具有的势能也就越大。这种由于水流流动及其落差所蕴含的能量就是水能。

水能的开发利用在很早前就载入了人类史册，我们最初对水能的开发利

图1–17　太阳能发电

用是在农业生产领域。早期的农业生产主要依靠的是人力或者畜力，后来，人类将目光投向了大自然，发现了水流的力量，从而发明制作了最原始的水车（图1–18）。

图1–18　水车汲水

现在有些偏远的地区或者一些古镇仍然保留着水车这种工具，水车被安装在河流上，水流的冲击带动轮子转动，可代替人力和畜力用来磨面、捣米和灌溉，提高了劳动生产率。

随着技术的不断变革和发展，如今水能的规模化利用主要是采用水力发电的形式。水电站通过水力驱动发电机发电，进而将水能大规模地转化为电能。举世闻名的三峡水电站就是我国水能规模化利用的典范。

（3）风能

当我们满头大汗时，一阵清风徐来会使我们感到神清气爽。风能也是可再生能源。风能可以让帆船扬帆起航，但狂暴的台风也会摧毁我们的家园，这些都说明风中蕴藏着巨大的能量。

风能主要是指空气在流动中所产生的动能。风能的大小主要取决于风的速度，风速越大，蕴含的风能也就越多。

人类对于风能的应用，最成功的就要算用作船舶动力的风帆了。帆船航行，扬帆起航，竖起的风帆将风"拦截"，强大的风能为帆船前进提供了强

图1-19 风力发电

劲的动能，正如同古人诗歌中写的那样：直挂云帆济沧海。在人力为主的古代，风帆的使用极大地推动了航运业的发展。

除了风帆之外，风车也是风能在古代的另一种应用。风车利用风能带动其轴的旋转，通过专门设计的装置，将风能用于提水和灌溉等。

如今，风能规模化利用的主要途径就是风力发电。风吹动叶片，带动风机轴旋转，从而带动发电机切割磁力线发电（图1-19）。

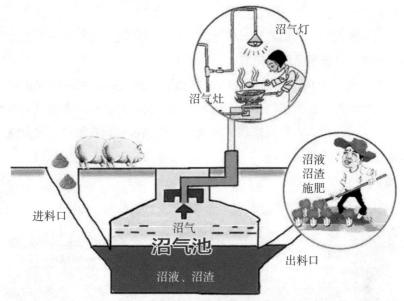

图1-20 沼气的生产和利用

（4）生物质能

生物质能主要是指农林废弃物（如薪柴和农作物秸秆等）、畜牧养殖业废弃物（如禽畜粪便等）以及包含餐厨垃圾在内的生活垃圾等生物质所具有的能量。生物质能种类繁多，数量巨大，又被称为第四大能源。

人类最早认识并使用的能源——薪柴能源，就属于生物质能，它们经过燃烧变成热能为我们人类使用。

目前生物质能的主要应用包含以下几种类型：① 垃圾直燃发电；② 农作物秸秆直燃发电、用农林废弃物制备为生物质成型燃料掺烧发电；③ 将餐厨垃圾转化为生物柴油；④ 利用人畜的粪便在厌氧条件下经微生物发酵生产沼气（图1-20）等。

8. 可再生能源的特点

从字面上的意思来看，可再生能源就是来源于大自然并且可以再生的能源，其实这也是可再生能源最大的特点。此外，大部分可再生能源都是环境友好的清洁能源。但可再生能源并非尽善尽美，它们也存在着一些弱点，并制约着它们的大规模推广应用。

（1）可再生能源在空间上广泛分布，但能量密度低

以太阳能为例，只要有阳光的地方，就有太阳能。太阳能不存在地域的限制，但缺点是能量密度较低。

以光伏电站为例，光伏电池的发电功率与受到的光照强度成正比。如果光照强度不够高，为了达到一定的发电规模就需要占用较大的空间或面积（图1-21）。所以，现在规模较大的光伏发电站都建设在荒漠和戈壁这种光照较强且面积广阔的地方。

图1-21 光伏发电占用大量面积

为了充分利用太阳能，我们还将建筑与光伏发电相结合，研究出了能够不占用土地而利用太阳能发电的方式，如光伏屋顶、发电玻璃等。

（2）可再生能源的能量不稳定，存在间歇性

大部分可再生能源都存在不稳定性和间歇性等特点。

例如，对利用水能的水电站而言，往往存在季节性差异。丰水期的水库水位较高，蕴藏的水能也就较为丰富，但进入枯水期之后，水位下降，蕴藏的水能也就变得较少。

受自然条件影响较大的还有太阳能和风能。白天光照强度大，太阳能丰富，当夕阳西下，光照变弱，太阳能也随之变少，直到夜晚时消失。强风天气时风能较大，风较弱时风能也较小。除此之外，太阳能和风能还受季节和气候变化的影响，阴晴雨雾甚至天空中飘动的云朵，对光伏发电或风力发电都会产生非常大的影响（图1-22）。

图1-22 太阳的起落影响光照强度

为了实现可再生能源的规模化利用，可再生能源的发电往往需要并入电网。电网对上网电源有稳定性的要求，故太阳能和风能的不稳定性也造成了一些"弃光"和"弃风"现象，浪费了宝贵的可再生能源。因此，提高和改善可再生能源发电的稳定性是需要攻关研究的关键技术问题。

9. 威力巨大的核能

世界上的一切都被称为物质，而大部分物质都是由一种或多种的原子构成。原子又可以分成更小的粒子，如原子核和电子。

当原子聚集或分离的时候，电子的位置和运动会发生变化，从而释放能量，这种能量就是化学能。后来人们发现，当我们设法将原子核结合或分裂时，也会释放巨大的能量，而这种巨大的能量我们称其为核能。

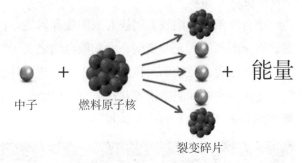

中子　　燃料原子核　　　　裂变碎片

图1-23　核裂变

核能的释放有两种方式：一种是一个大质量的原子核分裂成两个比较小的原子核，我们称这个过程为核裂变（图1-23）；另一种是小质量的两个原子核合成一个比较大的原子核，我们称其为核聚变。

由于核裂变能够释放大量的能量，在军事领域，它常被用于制造核武器，比如我们熟知的原子弹就是利用核裂变的原理。铀等质量大的原子核在一定条件下可以发生核裂变并伴随释放出能量（如热量），1千克铀裂变释放的核能相当于2 700吨标准煤燃烧产生的化学能。除了军事领域，在民用领域，我们将铀作为核燃料，利用核裂变释放的能量发电。

核聚变在军事领域也得到了成功的应用，我们所熟知的爆炸威力更强大的氢弹就是利用了核聚变的原理（图1-24）。由于核聚变需要较高的反应要求和技术要求，在民用领域尚未得到应用。

核裂变和核聚变的差别除了两者所释放的能量

图1-24　氢弹爆炸

不同之外，两者的差异还在于核裂变堆会产生强大的核辐射，伤害人体，而且其产生的核废料也很难处理；但核聚变的辐射则少得多，并且核聚变燃料可以取自海水，可以说是取之不尽、用之不竭。

10. 什么是新能源?

新能源的概念是相对于常规能源而提出的，所谓新能源指的是其开发利用需要进一步技术支撑的能源。新能源既包含前面所述的可再生能源，也包含核能。

（1）核能

核能具有巨大的能量，利用核裂变发电（图1-25）的核电站是核能的典型应用之一。核电进一步发展面临的第一个问题就是核安全问题。

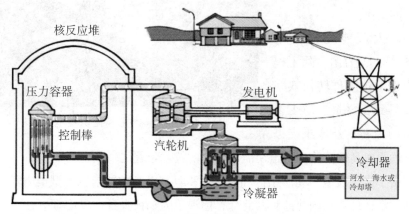

图1-25 核能发电

1986年，发生在苏联的切尔诺贝利核泄漏事故，被称为史上最严重的核电站事故。由于核反应堆的爆炸致使放射性尘降物进入空气中，大约27万人暴露在危险的核辐射水平环境下，至少有200人死于由核辐射导致的癌症，大约30座城市从此在苏联的地图上消失。2011年3月，里氏9.0级地震导致日本国福岛县两座核电站反应堆发生故障，由泄漏到反应堆厂房里的氢气和空气反应发生的爆炸，也造成了灾难性的后果。

历史上诸如此类的事故还有很多，事故发生后，电站周围的环境受到重大破坏，周边居民的身体健康也受到严重损害。

另一个核心问题是处置放射性核废料，避免核泄漏事故的发生，使放射性物质不对核电站工作人员和周围居民的健康造成损害，使这些放射性物质不影响核电站所有设备的安全正常运转，并保证核电站不对环境产生污染等。

总而言之，核能要想实现大规模的开发利用，需要完善的核安全技术作为其技术支撑。

（2）可再生能源

太阳能、风能、生物质能等可再生能源由来已久，在生产生活中得到了一定的应用，但可再生能源的规模化利用则需要新技术的支撑。

以太阳能光伏发电（图1-26）为例，除了提高光伏电池组件转换效率需要得到新材料、新工艺方面的最新科技成果支撑

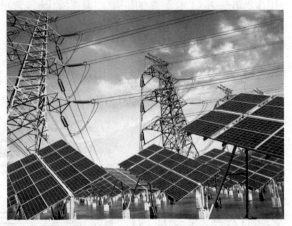

图1-26　太阳能光伏发电站

外，远距离高效传输也是迫切需要解决的技术难题之一。

由于光伏发电对光照条件和空间面积具有较高的要求，大型集中式光伏电站常常选址在我国北部和西北部，但那里人烟稀少且远离负荷中心。

由于我国经济发展不均衡，超过90%的人都生活在东部沿海地区，而这也是电能需求较大的区域。如果要将我国的许多大规模光伏发电站生产的电能输送到距离它们很远的大城市，所需要的长距离电力传输线会损耗大量电力，使得远距离传输电力的效率低，即实际从中获取的电力比例较低。

针对这样的现状，我国重点研究和发展特高压输电技术等大规模光伏外送的新型输电技术，为边远地区大规模发展可再生能源发电创造了条件。

11. 什么是清洁能源?

清洁能源，指的是对环境友好的能源，其使用过程中不会产生污染物，在开发利用的过程中对环境无污染或污染程度很小。清洁能源主要是指一次能源中的太阳能、风能、水能、地热能等，考虑到常规能源中天然气具有相对较小的污染物排放，有时将天然气也列入清洁能源的范畴。

（1）太阳能

太阳能的开发利用，指的是将太阳能转化为热能、电能等其他形式的能源进行利用，包含光热利用、光伏发电、采光照明等多种形式。太阳能的转换过程中不产生其他有害的气体或固体废料。因此，太阳能是一种环保、安全、无污染的清洁能源。

（2）风能

风能是指地球表面空气流动产生的动能，同样是一种可再生、无污染而且储量巨大的能源。风能的开发应用以风力发电为主，风能作为动力带动各种机械装置转动，从而带动发电机发电，在能量转化的过程中不会产生有害的污染物，因此也是清洁能源。

（3）地热能

地热能指的是地球自身蕴藏的热能，这种能量来源于地球内部的熔岩，并以热力形式存在，是可从地壳直接抽取的天然热能。

在日常生活中，人们常常喜欢在冬天泡温泉，而温泉就是地壳表层的水吸收了地热能穿出地面所形成的。目前人类对于地热能的利用主要分为直接取用和地热发电两种。

地热能的直接取用一般体现在生活方面，比如温泉沐浴、取暖、建造温室等。而地热发电则是利用高温的热蒸汽推动汽轮机运转，带动发电机生产电能，在这个过程中实现了地热与机械能、电能的转化。我国著名的羊八井地热电站，就是利用地下热能直接驱动汽轮机发电。此外，利用浅层地热资源的案例主要有地源热泵，可以利用地热源，提高建筑物空调系统的能效。地热能不仅是无污染

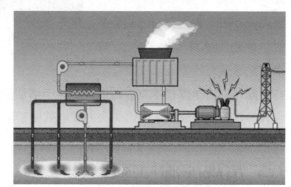

图1-27　地热发电

的清洁能源，而且如果热量的提取速度不超过补充的速度，那么它还是可再生能源（图1-27）。

（4）水能

水能是指由于水流的运动及其落差所蕴含的能量。我国具有丰富的水能资源，并且在长江上游、黄河上游兴建了一大批水电站，年发电量居于世界前列。

水电站通过高位水库的水力驱动发电机发电，进而将水能转化为供人类社会使用的电能，单纯就其能量转换环节而言，未对环境造成污染，所以水能也是一种清洁能源。

（5）潮汐能

潮汐，是一种由于地球和附近的天体运动以及它们之间的相互作用力而引起的自然现象，表现为海水的涨落运动。潮汐能，正是由于海水周期性涨落运动所蕴含的能量，同样也是一种清洁能源。

当海水涨潮的时候，水位升高，大量的动能转化为势能；而当海水落潮的时候，水位随之下降，而势能又转化为动能，因此潮汐能的实质就是机械能（图1-28）。

目前对于潮汐能大规模开发利用的形式就是潮汐发电，它与常规的水力发电原理类似，利用潮水涨落运动产生的水位差所具有的势能来发电。

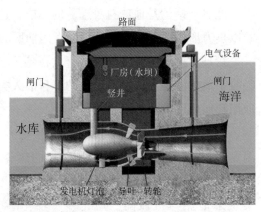

图1-28 潮汐能发电

此外，洁净煤技术支撑的能源也属于清洁能源，如我国大力发展的超超临界参数超低排放技术的燃煤火力发电就属于洁净煤技术。

12. 常规能源与温室效应

常规能源在其开发利用的过程中会产生大量的二氧化碳，根据这一特性，又称其为高碳能源。

煤炭、石油和天然气等常规能源被称为高碳能源，其中又以煤炭的含碳量最高，同等热值燃煤产生的二氧化碳排放量比石油、天然气分别高出约36%和61%。

工业生产过程中排放的大量二氧化碳加剧了大气层的温室效应，已经成为引起气候变暖的主要原因。

温室气体（如二氧化碳）好像毯子般，把热能困于地球表面

温室气体

地面变得愈来愈热

图1-29 温室效应

什么是温室效应（图1-29）？从地球的空间组成来看，地球外围有一圈大气层，大气层就像是一个超大的罩子罩住了地球。如果透过罩子进入地球的热量要远多于从地球往外散出的热量，那么地球就变成了一个温室，温室内的温度越来越高，这就是温室效应。

大气层受到来自大气层外部（太阳能）和内部（地球）的双向热辐射，当大气层中二氧化碳等温室气体的含量升高时，就会引起太阳辐射的热量透过大气层进入地球，而地球本身辐射的热量则受到一定阻挡难以向外散出，从而形成了温室效应。可见，大气层的温室效应就是由于大气层内气体成分的变化，使得双向热辐射穿透大气层的透射能力存在显著差异而引起的。

温室效应会导致全球气候变暖，引起冰川融化、海平面上升，进而威胁到人类的居住环境。不仅如此，温室效应还会导致自然灾害和极端天气频发，导致农作物产量和质量下降，影响人类生活的方方面面（图1-30）。

图1-30 温室效应的严重后果

为了保护我们的生态环境，为了减缓温室效应，我们要从高碳能源的高效化利用、低碳能源的规模化利用和碳中和与碳的资源化利用等三方面开展工作，从而减少二氧化碳的排放。

13. 方兴未艾的洁净煤技术

煤炭是典型的高碳能源,如何实现高碳能源的清洁高效利用,对我国具有十分重要的战略意义。从煤炭的开采、运输到转换利用的整个过程,所有旨在减少污染和提高效率的新技术,我们都统称为洁净煤技术。

洁净煤技术主要分为三类,分别是煤气化以及粗煤气净化技术、新型燃烧技术和碳捕集技术,下面让我们重点介绍这三类洁净煤技术。

(1) 煤气化以及粗煤气净化技术

煤气化以及粗煤气净化技术,指的是将煤炭气化以及净化,实现燃气脱硫除氮、排去灰渣的目的,最终产生的煤气可作为洁净燃料用于燃烧的技术。

其中最典型的例子是整体煤气化联合循环发电技术(IGCC)。它的原理是将煤炭经过气化和净化后,除去煤气中的硫化物、氮化物、灰分等主要污染物,将固体燃料转化为清洁的气体燃料送入燃气轮机中燃烧,燃烧产生的高温烟气驱动燃气轮机发电,然后用燃气轮机的排气将水加热成高温蒸汽,驱动蒸汽轮机发电(图1-31)。

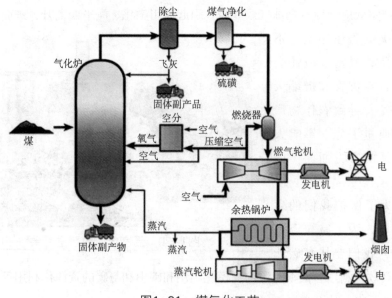

图1-31 煤气化工艺

（2）新型燃烧技术

化学链燃烧技术是新型燃烧技术的一种，它将传统的燃烧分解为两个部分，分别在燃料反应器和空气反应器里进行，燃料与空气不直接接触。

在燃料反应器中，金属氧化物与燃料发生还原反应，吸收热量，并生成二氧化碳和水蒸气。被还原的金属颗粒再回到空气反应器，与空气中的氧气发生氧化反应，放出热量。这样的技术与传统燃烧技术相比，可以通过冷凝分离出高浓度的二氧化碳，实现了二氧化碳与其他废气的分离，并且避免了燃料型氮氧化物的生成。

除此之外，科学家还在研究和发展一种新型燃烧技术，那就是纯氧（或富氧）燃烧技术（图1–32）。在传统的燃烧过程中都是以空气作为助燃剂，其中只有空气中的氧气会参与燃烧反应，而空气中大部分的氮气在燃烧过程中容易产生氮氧化物气体，不但形成了污染物，而且大幅度降低了烟气中二氧化碳的浓度，为二氧化碳的脱除增加了难度。

如果用纯氧作为助燃剂，则燃烧产物中会产生极高浓度的二氧化碳，有利于二氧化碳回收、减缓温室效应，并且能使二氧化碳的收集工作变得更容

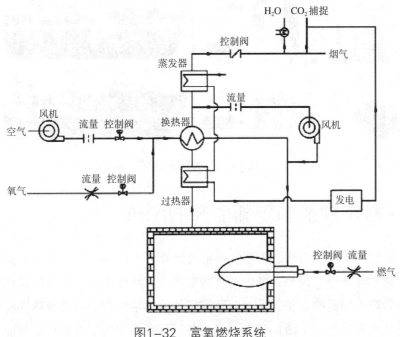

图1–32 富氧燃烧系统

易、更经济。

(3) 碳捕集技术

碳捕集技术指的是将大型火电厂等高碳排放企业所产生的二氧化碳进行收集并储存，以避免其排放到大气中的一种洁净煤技术，也被归入"工程碳汇"的一种方法。

经实验证明，这是目前减少温室气体排放的可行方法。目前主流的技术路线是胺吸收方法。胺吸收方法利用二氧化碳和碱性溶液发生反应，吸收烟气中的二氧化碳，从而达到"捕捉"二氧化碳的目的，最终实现减少温室气体的排放的目标（图1-33）。

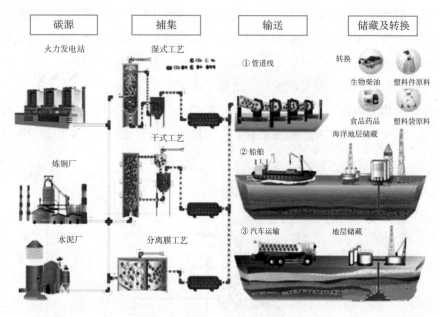

图1-33 碳捕集工艺

14. 从常规能源到新能源的跨越

传统的煤炭、石油、天然气等常规能源（图1-34）仍占据着人类能源消费的主导地位。但是，考虑到这些宝贵的常规能源的资源稀缺性和燃烧污染物产生的影响，特别是考虑到温室气体大量排放会导致全球气候变暖甚至危及人类生存（图1-35），目前各国都在努力发展可替代常规能源的新能源技术。

（1）大力发展先进的燃煤火电技术

燃煤火力发电采用高参数大容量机组，可以提高其能源利用效率。目前，我国投入运行的超超临界1 000兆瓦燃煤火电机组无论装机容量还是发电量均居全球首位。

图1-34 传统能源终将面临枯竭

此外，就是大力推进燃煤火力发电的超低排放与控制，实施最严格的环保标准，可以显著降低其SO_2、NO_x和粉尘排放浓度。

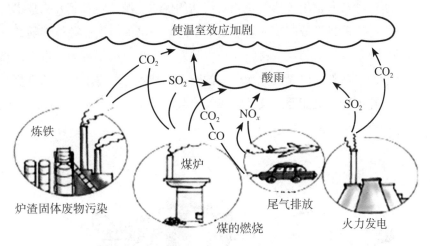

图1-35 传统燃料会对环境造成危害

（2）充分开发水力资源，减少"弃水"

我国拥有丰富的水力资源，水电站建设规模和年发电量均居于世界前列。然而，由于水电资源丰富地区需要长距离输电至东部经济发达地区，部分水电资源未得到充分利用，存在"弃水"现象。

（3）因地制宜发展光伏发电与风力发电

我国幅员辽阔，国家针对不同地区太阳能和风能的资源分布，陆续规划并建设了陆上和海上大型风电场以及西部大型光伏电站。非并网风电海水淡化等具备产业化前景的技术也层出不穷。

同时，结合分布式能源系统建设需求，大容量分布式光伏系统（含光伏屋顶）应运而生。因地制宜发展可再生能源发电，前景广阔。

（4）适度发展核电

核能是非常重要的非碳能源，也是碳减排中常规能源重要的替代能源之一。然而由于核电运行安全与核废料安全处置等技术难题，各国对核能开发与利用的政策差异显著。

核电在我国电力结构中的占比仍处于非常低的水平，适度发展核电是必要的。因此，一批采用三代核安全技术的核电机组已经在浙江三门等地开工建设。

（5）前景光明的新能源技术

可燃冰和非常规天然气是相对清洁的优质能源，随着其开采技术的日趋成熟，应用前景十分广阔。氢能是一种高效清洁的二次能源，伴随其存储、运输以及氢内燃机与氢燃料电池技术的发展进步，有望成为21世纪最重要的清洁能源。此外，以煤气化为代表的洁净煤技术也取得了长足的进步，集煤化工、热电冷二次能源以及压缩空气等载能工质多联产于一身的新型能源与化工中心值得期待（图1-36）。

图1-36　新能源技术

第 二 章

能源之母

——太阳能

1. 走近太阳

万物生长靠太阳。自古以来，太阳就是希望和生命的象征。不仅如此，太阳还孕育了地球上的生命，但是你真的了解太阳吗？

遥远的太阳（图2-1）虽然看起来不大，但它的直径却是地球直

图2-1 太阳

径的109倍，大约为1 392 000千米，体积为地球的130万倍，质量约为地球的330 000万倍。如果从太阳的化学组成来看，太阳总质量中75%是氢，剩下的几乎都是氦，而氧、碳、氖、铁以及其他的重元素的质量则少于2%。

（1）太阳辐射

太阳有着巨大的能量，那么远在太阳系中心的太阳能是如何传递到地球的呢？

首先，我们得从太阳的能量来源说起。太阳能来源于它内部的核心部分，其温度高达1 500万度，压力极大。在这样的高温、高压的条件下发生核聚变反应，其中四个氢原子会聚变成一个氦原子，并产生能量，也就是说太阳能是通过核聚变的方式产生的能量（图2-2）。

太阳辐射是指太阳能以电磁波的形式向外传递能量。地球每秒钟接收到的太阳辐射大约为1.7×10^{17}焦（平方米·秒），大约为500万吨原煤燃烧产生的能量。而这仅占太阳每秒钟向宇宙辐射能量的二十二亿

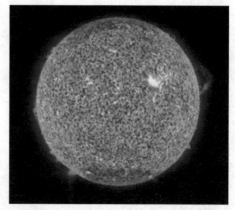

图2-2 太阳时刻都在进行核聚变

分之一，可见太阳辐射总量巨大。

　　太阳辐射的能量是地球运行的主要能量来源，我们称其为太阳能，太阳能可以转化为各种各样的能量。我们在天气晴朗时走在阳光下，可以明显感受到温暖，这是因为我们的身体接收到了太阳辐射至地球表面的太阳能，并转化为了热能（图2-3）。

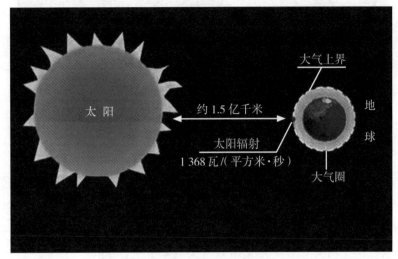

图2-3　太阳向地球辐射能量示意图

（2）太阳光谱

　　黑夜离去，太阳升起，光芒普照大地，也代表着新的一天开始。为什么太阳发出的光能够照亮万物呢？我们需要从太阳光谱说起。

　　太阳光谱（图2-4）是一组不同波长组成的连续光谱，由可见光和不可见光两个部分组成。可见光就是我们肉眼能够看到的光，散射以后分为了红、橙、黄、绿、青、蓝、紫7种不同的颜色，而集中起来则为白光，这也就是我们所说的太阳光。不可见光也分为两种：位于红光之外区的叫红外线，位于紫光之外区的叫紫外线。

　　太阳辐射主要集中在可见光部分（400~760纳米）及波长大于可见光的红外线（＞760纳米），而波长小于可见光的紫外线（＜400纳米）的部分较少。可见光区的能量占太阳辐射总能量的50%，红外区约占43%，而紫外区的太阳辐射能很少，约占7%。

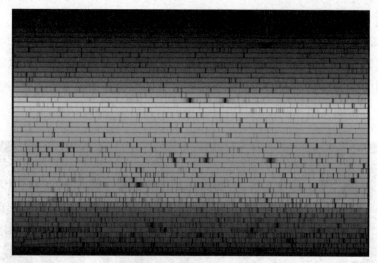

图2-4　太阳光谱示意图

太阳是能量最强、天然稳定的自然辐射源，通常用太阳辐射常数来表示太阳的辐射能量。太阳辐射常数指的是在日地平均距离上，顶界垂直于太阳光线的单位面积每秒接受的太阳辐射的照度值。从1900年人类开始进行测量与记录以来，这一测量值一直为每平方米1 368瓦，但太阳辐射要经过大气层，大气层中的气体会对太阳辐射进行吸收和散射，所以有必要对其进行修正，修正系数与各地区的纬度和海拔高度有关，如江苏为每平方米900瓦。

太阳是太阳系的恒星，了解太阳有利于我们更好地了解自己。太阳光谱就是了解太阳的方法之一，通过对太阳光谱的分析，可以探测太阳大气的化学成分、温度、压力、运动、结构模型，以及形形色色的活动现象的产生机制与演变规律，并认证辐射谱线和确认各种元素的丰度。利用太阳光谱在磁场中的塞曼效应，可以研究太阳的磁场等。比如，当太阳发生爆发的时候，太阳极紫外和软X射线都会出现很大的变化（图2-5）。

因此，提高对太阳光谱的空间分辨率和拓展观测波段，可以大大增强对太阳和太阳活动的认识。现在已探测到了完整的称之为第二太阳光谱的偏振辐射谱。利用第二太阳光谱，可以开展对太阳的多项物理研究，其已成为探测太阳微弱磁场和湍流磁场的有效方法。

图2-5　太阳光谱与生活

2. 太阳能是能源之母

万物生长靠太阳，太阳与我们的生活息息相关，因为生活中的许多能源与太阳更是有着紧密的联系。

（1）太阳能

太阳能是太阳辐射能量的直接表现，我们生活中广泛使用的太阳能热水器就是一种能够将太阳能转化为热能的加热装置。将采集到的太阳能转化为热能，从而将水从低温加热到高温，满足人们日常生活中的热水需求（图2-6）。

（2）风能

太阳是地球上产生风的原因之一。因为太阳辐射的能量让我们地

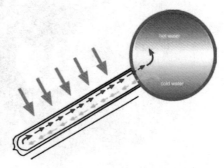

图2-6　太阳能热水器原理图

球变得温暖，但并非地球上所有的地方都获得了相同的太阳辐射，所以地球上方的大气在不同的地方具有不同的温度，温度差导致了气体的流动，也就形成了风。

　　风能最广泛的应用就是风力发电，利用风推动风扇的叶片，带动整个电磁系统进行发电，实现了风能向电能的转化（图2-7）。

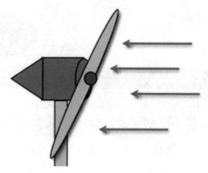

图2-7　风能发电机原理图

（3）化石能源

　　地球上的森林植被在水、二氧化碳以及阳光的作用下进行光合作用（图2-8），并通过光合反应创造了有机物，其中一部分供给动物和人类食用，维持动物以及人类的生命延续，其余在局部地壳运动的过程中被埋藏在地

图2-8　光合作用原理图

下，从而形成煤炭或者石油。因此，化石能源也与太阳有关。

（4）水能

我国的水能发电规模在世界上都是数一数二的，但其实水能与太阳也是密不可分的。

水在地球水圈内循环往复。在这个过程中，雨水成为水能的驱动力，地表水在太阳的暴晒下蒸发形成了雨水，再降落到地势比较高的地区，便有了循环往复的运动。水的总体质量并没有发生改变，由于

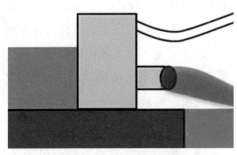

图2-9 水力发电示意图

其位置发生了变化，导致了重力势能的变化。重力势能在水能发电的过程中推动叶片旋转，进而实现水能向电能的转化。总而言之，水能与太阳之间同样也有着密切的联系（图2-9）。

从上述的内容来看，太阳与我们目前使用的各种能源都息息相关。太阳能真不愧是"能源之母"！

3. 阳光采集导入与动植物生长发育

太阳光从古到今都被人们作为神圣的力量而受到崇拜，而且从很早开始，人类就开始研究太阳光对人类和动植物的作用和影响。

1960年，因发现维生素C而获得诺贝尔生理学或医学奖的Szent-Gyorgyi教授研究证明：我们人体所有的能量都源自太阳光。他认为，植物在阳光、空气和水的作用下得以生长，阳光提供了植物生长需要的所有能量，并合成为其生存及生长必需的物质用来贮存来自太阳的能量。最终，植物又被动物及人类摄食，满足了动物及人类生存及生长所需的能量。

同时，Szent-Gyorgyi教授发现生物界中大部分细胞能量的产生与代谢对光线十分敏感。当太阳光照射人体的细胞时，会导致这些细胞对能量产生与代谢的生化反应发生基本的改变。

1985年，科学家证明了光线及不同的光线成分对细胞的影响。以植物细

胞内的叶绿体为例，在完全的自然光照射下，细胞内的叶绿体排列整齐且有秩序地移动。但如果将自然光中的紫外部分滤掉后，叶绿体就会脱离这种排列，而聚集在细胞的一端不移动。如果将其他不同波长的部分光线滤掉后，同样会破坏有秩序而且整齐的移动。最重要的是，这种异常和紊乱的现象会随着自然光光照后完全消失而恢复正常。

科学家在一项大规模的动物实验中发现在阳光下生活的试验鼠可活16个月，但在灯光下生活的试验鼠只能活7.5~8个月。日本所做的安全阳光下的试验鼠实验也基本类似，在安全阳光下生活的试验鼠比普通阳光下存活的时间更长，可以达到24个月。

大量的科学研究表明，太阳光对动植物的生长发育有着无可替代的决定性作用。研究太阳光本身与其对人类和动植物的影响，可以推动太阳光进一步为人类健康服务。

太阳光采光导入系统就是运用透镜集光和光纤定位相结合的方法，实现了调节分离筛选控制阳光，从而满足不同的动植物培育科研的要求。通过太阳光采光导入系统可以人为地为科研人员增加某一光谱的分量，为科研人员提供太阳光固定光谱的长时定量供应，以改变植物的生长环境。不仅如此，还可以开辟研究、创造、改良新的动植物物种。

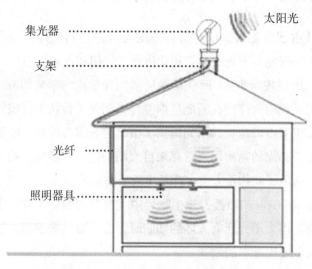

图2-10　太阳光导入系统原理示意图

研究各种波长的光对人体和生物的影响，然后利用太阳光采光导入系统精确地筛选合适波长的阳光，把有害的部分彻底除去而尽可能保留有益光线（图2-10）。

4. 真空管式太阳能热水器

太阳能热水器是将太阳能转化为热能的加热装置。按照结构形式的不同，太阳能热水器可以分为真空管式太阳能热水器和平板式太阳能热水器两种。

真空管式太阳能热水器由玻璃外管与金属内管组成，两管之间抽真空，金属内管中充注传热介质，金属管外壁为热端，与支架相连，冷端与水箱相连。

太阳光透过玻璃外管，照射在金属内管上，内管外壁的高吸收率太阳选择性吸收膜能够将太阳能转化为热端热能。热端吸收的热量迅速将热管内的传热介质汽化，被汽化的传热介质上升到金属管冷端放出汽化潜热，冷凝成液体，在重力作用下流回金属管热端，利用热管内传热介质的汽—液相变循环过程，连续地将吸收的太阳能传递到冷端加热水箱中的水（图2-11）。水

图2-11　常见的真空管式太阳能热水器

箱中的水不流经真空管，因此真空管的安装十分简单。同时，提高了可靠性，即便个别真空管发生损坏，太阳能集热器的工作并不会因此而中断。此外内外管间的真空区，可有效地减少运行过程中的热量损失。因为可靠性与高效性，其占有市场份额达95%左右。

5. 太阳能开水器

开水是一种日常饮用水。一般，我们会使用电热水壶烧开水的方式获取。实际上太阳能也能烧开水，太阳能开水器是太阳能热水器的一种。

这里要介绍的是太阳能开水器，它能够将太阳光转化为热能，然后加热水，直至水烧开。太阳能开水器分成两种，分别是锅式聚光型太阳能开水器和真空管式太阳能开水器。

（1）锅式聚光型太阳能开水器

锅式聚光型太阳能开水器利用聚光镜将太阳光聚集到灶圈对水进行加热，结构简单，造价低。但这样的方式存在着缺点，那就是太阳并不是固定的，聚光镜的焦点会随着时间的变化而不断地发生偏移，大约每过20分钟就要进行一次人工旋转，重新调整聚焦点，使用过程比较麻烦（图2-12）。

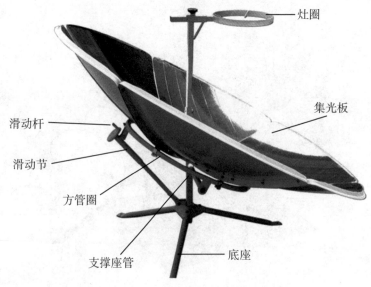

图2-12 常见的锅式聚光型太阳能开水器

尽管科学家已经研究发明了能够自动对焦点的聚光镜，但其造价仍比较高。

（2）真空管式太阳能开水器

真空管式太阳能开水器与真空管式太阳能热水器的原理相同，只是提升的温度更高。

太阳能的使用不仅仅满足了我们生产、生活的热水需求，而且还可以获得可直接饮用的开水，真的是非常方便，但是，太阳能热水器在使用中也存在着不足，例如，受天气影响比较大。

6. 太阳能集热器

为了满足大规模太阳能热利用的需求，科技工作者设计开发了各种类型的太阳能集热器。

（1）槽式太阳能集热器

槽式太阳能集热器是一种光热转化的装置，通过聚焦、反射和吸收等过程实现太阳能到热能的转化，使换热介质达到一定温度，以满足不同用户需求的集热装置（图2-13）。

槽式太阳能集热器属于中高温集热器，可使受热工质达到比较高的温度。槽式太阳能集热器在太

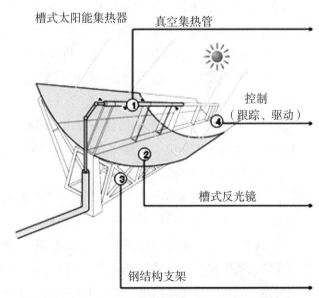

图2-13　槽式太阳能集热器原理

阳能利用系统中占据主导地位，它利用槽式抛物面聚光反射器聚集太阳光，得到高热流密度的太阳能，其效率和投资成本会影响到整个集热系统的效率

和经济性（图2-14）。

槽式太阳能集热器采用真空玻璃管结构，即内管采用镀有高吸收率、选择性吸收涂层的金属管，管内走加热介质，外面为玻璃管，玻璃管与金属管间抽真空以抑制对流和减少传导热损失。

太阳辐射透过大气层入射到地球表面，产生的能量属于低热流密度的辐射能，如果直接加以应用，会影响其经

图2-14 常见的槽式太阳能集热器

济性，所以我们利用槽式反光镜将其聚集在一起，转化为高热流密度的辐射能。太阳光入射到抛物面反光镜上，太阳光线可保持大致与抛物面法线平行的角度入射到反光镜上，反光镜将接收到的太阳光线聚集到集热管表面。通过这样的方式，集热管便可获得高热流密度的太阳辐射能，并用于加热管内流动的介质。

槽式太阳能集热器在工业生产中的应用也越来越多，尤其体现在食品加工、化工、水处理、制冷等方面。比如，2009年，在美国能源局的许可下，Abengoa Solar公司采用槽式聚光集热装置建立了一套污水处理系统。该系统每年提供了175兆瓦的能量，减少了75吨的二氧化碳排放量，实现了节能减耗。

虽然我国在槽式太阳能集热器的应用起步较晚，但随着科技的进步和国内专家学者的不断研究，近年来在该领域也取得了较大突破。

（2）塔式太阳能集热器

塔式太阳能集热器是塔式太阳能热发电系统的重要组成部分。在空旷的地面上建立高大的中央吸收塔，塔顶上安装固定一个吸收器，塔的周围安装一定数量的定日镜。通过定日镜将太阳光聚集到塔顶接收器的腔体内。太阳辐射聚焦到吸收器后，先将热量储藏在大热容量（如熔融盐等）的物质内，再通过换热器将热量传递给水，并产生高温高压水蒸气，进而驱动汽轮发电机组发电（图2-15）。

为解决太阳能不连续的问题，蓄热储能成为塔式太阳能集热器的关键技术之一。按照热能储存方式的不同，太阳能高温储能技术可分为显热储能、

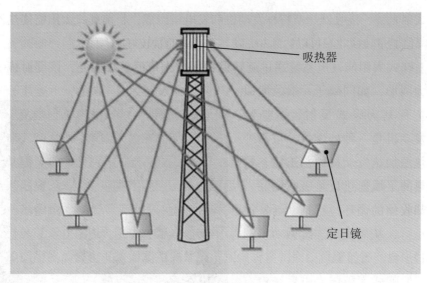

图2-15 塔式太阳能集热器示意图

潜热储能和混合储能三种。

显热储能通过某种材料温度的上升或下降而储存或释放热能，是目前技术最成熟、材料来源最丰富、成本最低廉的一种蓄热方式。潜热储能主要通过蓄热材料在发生相变的时候吸放热量来实现能量的储存与释放，具有蓄热密度大，储、放热过程温度波动范围小等优点。而混合储能就是将显热储能、潜热储能结合起来的方式，最终获取最好的经济性。

塔式光热电站通常采用技术上相对成熟的大容量熔融盐相变储能装置，可实现发电功率平稳、可控输出。随着技术快速进步和规模不断扩大，这些电站基础设施的造价正在快速下降，光热电站的大规模发展能够显著降低其发电成本（图2-16）。

（3）碟式太阳能集热器

除了塔式太阳能集热器外，典型的太阳能热利用装置还有碟式太阳能集热器，它由

图2-16 亚洲首座全天候熔盐塔式光热电站在敦煌并网发电

45

碟式聚光镜、接收器、斯特林发动机和发电机组成，目前碟式太阳能集热器的峰值能量转换效率可以达到30%以上，发展前景较好。

碟式太阳能发电系统通过旋转抛物面反光镜汇聚太阳光，该反射镜一般为圆形，如同碟子一般，所以我们称其为碟式反射镜。斯特林发动机是一种外燃机，依靠外部热源加热发动机内部工质，被加热的工质通过反复吸热膨胀、冷却收缩的循环过程推动活塞往复运行，从而实现连续做功（图2-17）。

但碟式太阳能发电系统没有相关的热能储存装置，如果没有阳光，那么机组就会立刻停止运转，这也是碟式太阳能发电系统的不足之处。

图2-17 碟式太阳能发电系统

7. 太阳能电池

近些年，太阳能光电利用在太阳能的应用中发展最快，最具活力，是最受瞩目的项目之一。为此，人们研制和开发了太阳能电池。

（1）高效的太阳能单晶硅光伏电池

光伏发电是利用半导体界面的光生伏特效应而将光能直接转变为电能的一种技术。太阳光照在半导体p-n结上，形成新的空穴-电子对，在p-n结内建电场的作用下，空穴由n区流向p区，电子由p区流向n区，接通电路后就形成电流。这就是光电效应太阳能单晶硅电池的工作原理（图2-18）。

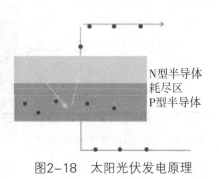

N型半导体
耗尽区
P型半导体

图2-18 太阳光伏发电原理

太阳能单晶硅光伏电池（图2-19）是一种大有前途的新型电源，具有永久性、清洁性和灵活性三大优点。太阳能单晶硅电池寿命长，只要太阳存在，太阳能单晶硅光伏电池就可以一次投资而长期使用，不会对环境造成污染。太阳能光伏电池主要运用在如高原、海岛、牧区、边防哨所等边远无电地区。

图2-19　太阳能单晶硅光伏电池板

太阳能单晶硅光伏电池是光伏电池中转换效率最高的一种。

（2）物美价廉的太阳能多晶硅光伏电池

太阳能多晶硅光伏电池的制作工艺与太阳能单晶硅光伏电池差不多，虽然太阳能多晶硅电池的光电转换效率比较低，约为18.5%。但是，多晶硅片生产能耗低，生产过程污染少。从制作成本上来讲，太阳能多晶硅光伏电池要更加便宜。此外，太阳能多晶硅光伏电池的使用寿命也要比太阳能单晶硅光伏电池长（图2-20）。

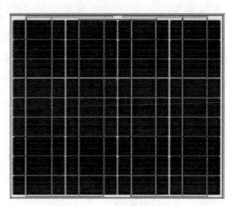

图2-20　多晶硅电池板

因此，自20世纪80年代以来，一些欧美国家便开始了太阳能多晶硅光伏电池的研制，目前太阳能多晶硅光伏电池占据了太阳能电池市场的主要份额。太阳能多晶硅光伏电池生产厂家提供的寿命数据为25年。太阳能多晶硅光伏电池主要运用在用户太阳能电源、交通领域、通信领域。

（3）万物发电的太阳能薄膜电池

虽然目前太阳能多晶硅光伏电池的应用比较广，但受到国际市场的硅原材料供应状况的影响，因此太阳能薄膜电池应运而生。太阳能薄膜电池质量小，厚度极薄，可弯曲，制造工艺简单。它除了是一种高效能源产品之外，还是一种新型建筑材料，能够与建筑完美地结合。

现阶段太阳能薄膜电池转换效率一般可达12%左右，在科学家的研究改进之下其转换效率有了长足的发展，2018年我国太阳能薄膜电池转换效率最高的是汉能集团所研发的太阳能薄膜电池，其转换效率甚至高达23.7%。

目前，太阳能薄膜电池主要有三种，分别为硅基太阳能薄膜电池、铜铟镓硒（CIGS）太阳能薄膜电池和碲化镉（CdTe）太阳能薄膜电池（图2-21）。

图2-21 碲化镉薄膜太阳能电池片

虽然说太阳能薄膜电池与太阳能晶硅电池在结构上不同，但两者的发电原理是相似的。当太阳光照射在太阳能薄膜电池上，电池吸收光能之后会产生光生电子-空穴对。在电池内建电场的作用下，光生电子和空穴被分离，空穴漂移到p侧，电子漂移到n侧，形成光生电动势，外电路接通时产生电流，实现太阳能向电能的转化。

从结构上来看，成本低是太阳能薄膜电池最主要的优点。但是，太阳能薄膜电池同样也存在着缺点。首先太阳能薄膜电池效率低，柔性基体太阳能非晶硅薄膜电池组件的效率只有10%~12%，发电效率与太阳能晶硅电池之间始终存在着一定差距；其次就是稳定性较差，集中体现在其能量转化的效率会随着使用时间的延长而变化，直到数百或数千小时后才稳定；最后，太阳能薄膜电池在相同的电量输出情况下，电池的面积会比太阳能晶硅电池大得多，如果在安装空间和光照面积有限的情况下，太阳能薄膜电池的应用会受到限制。

在未来的市场中，太阳能薄膜电池的占比将会不断增加，太阳能薄膜电池的研发也将继续提速。太阳能薄膜电池已被列入我国太阳能光伏产业"十二五"规划的发展重点，相信在未来，我国太阳能薄膜电池将得到新一轮的高速发展，前景不可小觑。

如今，业界对以薄膜取代晶硅制造太阳能电池在技术上已有足够的把握。日本产业技术综合研究所于2018年2月已经研制出当今世界上太阳能转换率最高的有机太阳能薄膜电池。新型有机太阳能薄膜电池在原有的两层构造中间加入一种混合薄膜，变成三层构造，增加了产生电能的分子间的接触面积，从而大大提高了太阳能转换率。有机薄膜太阳能电池使用塑料等质轻、柔软的材料为基板，因此人们对它的实用化期待很高。

专家认为，在未来5年的时间内，太阳能薄膜电池的成本将得到大幅度的降低，届时将广泛应用在我们日常生活中，比如手表、计算器、窗帘甚至服装都可能是太阳能薄膜电池。

（4）神奇的发电玻璃

发电玻璃是碲化镉太阳能薄膜电池，它是在普通的绝缘玻璃上均匀涂抹仅4微米厚的碲化镉光电薄膜，其发电原理基本与太阳能薄膜电池原理相似。

发电玻璃之所以能够发电，是因为玻璃上的涂层。这些涂层其实是很多块串联在一起的非晶硅太阳能薄膜电池。通俗来说，这些电池就好比充电电池，而太阳光就是给这些电池充电的电源。在太阳光的照射下，玻璃就开始发电，就好像插上了电源，充电电池就开始充电是一个道理。

发电玻璃与太阳光有着密不可分的关系，太阳光照强度越大，太阳光的照射角度越垂直，吸收的太阳光越多，发电量也就越大（图2-22）。

图2-22 发电玻璃

发电玻璃目前还没有广泛地应用于我们的生产生活中，仅仅在福特汽车公司的工厂屋顶与墙壁、英国的绿色小镇工程中有示范应用。

发电玻璃的使用可以有效地节约家庭用电或者写字楼用电（图2-23），希望在未来发电玻璃能够突破技术瓶颈，实现质的飞跃。

图2-23　发电玻璃在大楼上的应用概念图

8. 我们身边的光伏企业

由于光伏发电市场的广泛需求，光伏及其全产业链关联企业应运而生。江苏是光伏产业大省，素有"世界光伏看中国，中国光伏看江苏"之说。

常州天合光能有限公司（图2-24）、苏州阿特斯阳光电力有限公司（图2-25）与中电电气（南京）光伏有限公司等著名的光伏企业都是江苏的龙头企业。

天合光能股份有限公司于1997年在江苏常州创立，2006年在美国纽交所上市，是全球最大的光伏组件供应商和领先的太阳能光伏整体解决方案提供商，截至2017年底，其光伏组件累计出货量全球排名第一。

天合光能先后在瑞士苏黎世、美国加州圣何塞和新加坡设立了欧洲、美洲和亚太中东区域总部，并在东京、马德里、米兰、悉尼、北京和上海等地设立了办事处，引进了来自30多个国家和地区的高层次人才，业务遍布全球100多个国家和地区。

图2-24 常州天合光能有限公司

苏州阿特斯阳光电力有限公司是一家由海外学成归来的专家所创办的绿色能源光伏公司，专业从事于光伏产品的研发、制造和销售，并于2006年在美国纳斯达克上市，荣膺

图2-25 苏州阿特斯阳光电力有限公司

2007年德勤中国高科技、高成长50强。

中电电气（南京）光伏有限公司，是一家世界领先的高效太阳能光伏电池组件制造商，总部位于中国江苏省南京市，由中电电气集团董事长陆廷秀先生与世界晶体硅太阳能电池转换效率保持者赵建华博士于2004年共同创立。

中电光伏已在南京、上海和土耳其的伊斯坦布尔三地成功建立现代化的生产基地，涵盖电池、组件到下游系统开发投资的一体化产业链布局，服务于各种家用、商用、电站和离网项目，为千家万户提供绿色、清洁的可再生能源。

中电光伏始终致力于高效光伏产品的研发和制造。2008年，中电光伏成为世界上首家成功商业化生产选择性发射极电池的光伏厂商。2011年，QSAR高效单晶产品的面世，更进一步将平均转换效率提升至20%的世界领先水平。

中电光伏主营太阳能光伏组件，高效专业，种类齐全，可应用于全球各地不同类型的太阳能光伏项目。中电光伏注重组件生产的质量，每一块光伏组件从原料进厂到成品出厂，都经过36道严密的质量检测工序，以实现高标准高质量的生产要求，并通过了国际知名的TUV和UL等认证。

9. 家庭光伏电站的收益分析

除了商业化应用外，光伏发电也可以应用于千家万户，这就要提到家庭光伏电站的概念。

家庭光伏电站的收益主要取决于设备成本、光伏屋顶发电年利用小时数与光伏屋顶的电价。

（1）家庭光伏电站的设备成本

家庭光伏电站的配件包括太阳能电池组件、光伏逆变器和支架等。

安装1千瓦功率的太阳能光伏发电系统需要10平方米的家庭屋顶面积，这个成本预计在1万元左右。但由于我国光伏产业链趋于完整，组件及光伏逆变器的价格相比国际市场稍低，整体太阳能光伏发电系统的安装成本大幅度下降，投入为4~6元/瓦。

（2）家庭光伏发电站的发电量或年利用小时数

光伏屋顶发电的年利用小时数与地区有着很大的关系，我们从影响太阳辐射的因素出发，分析得出主要因素包括纬度高低、地形地势、气候气象条件等。

我国西部地区由南向北，太阳辐射由青藏高原丰富区向北到新疆中北部地区较丰富区过渡，由于太阳高度的关系，太阳年辐射总量呈现由低纬度向较高纬度递减的规律；而从东部地区的沿海向内陆看，太阳辐射由较丰富区向丰富区过渡，这种和经度地带类似的变化过程，是由于距海远近、降水多少、气候气象条件影响的结果；但几乎在同一纬度地带的青藏高原由于地势较高、空气稀薄，形成了丰富区，四川盆地由于盆地地形的影响，形成了贫乏区。2018年，全国光伏发电量1 775亿千瓦时，平均利用小时数1 115小时。

（3）家庭光伏发电站的电价

光伏屋顶的电价对于光伏屋顶的成本回收有着至关重要的影响。

　　光伏屋顶的投资经济性取决于三个因素：① 光伏电价；② 光伏屋顶电站成本；③ 年发电量。以南京为例，光伏屋顶成本为4~6元/瓦，上网电价为0.8~1.2元/千瓦时，而年发电量为1千瓦时/瓦，在此条件下，光伏屋顶发电系统的静态回收期为4/1.2~6/0.8=3.3~7.5年（图2-26）。

图2-26　光伏屋顶图

第 三 章

快速发展

—— 风力发电

1. 江苏省的风力资源

我们时刻都能感受到风的存在。夏日热风炙人，冬天寒风刺骨，秋日凉风送爽，春日暖风拂面，风一直陪伴着我们人类的生活。

风为人类生活提供了诸多便利，它们可以调节气候、传播花粉、鼓帆行船、驱动风车等；但有时也会给人类带来灭顶之灾，轻则飞沙走石，推波助澜，重则摧枯拉朽，龙卷风、台风、飓风，留给人们的只有可怕的记忆。

我们生活中的这些现象说明：风具有强大的能量，这就是风能。

我国是世界上最早利用风能的国家之一，我们的祖先在几千年前就掌握了制造帆船和风车的技艺。随着社会的进步和科技的发展，为实现风能的规模化利用，我国的风力发电及其相关的产业迅速发展，并且不断地由粗放的数量扩张，向高质量、低成本的精细方向转变，目前已成为全球风电的主要市场。

我国风能储量大、分布广，可开发利用的风能资源十分丰富。

江苏省位于我国大陆东部沿海中心地带，地处长江、淮海下游，东濒黄海，属于温带季风气候。江苏省是国家规划的全国七大风电场之一，也是最大的海上风电场。

江苏省的风力资源可分为4个区，其中以连云港近海的西连岛地区的风能资源最为丰富，属风能丰富的I类区域，其次为江苏沿海地区、长江三角洲一带、淮河两岸、洪泽湖、高邮湖东部及东南部沼泽地带、太湖东部等地区，属风能较丰富的II类区域，西部内陆为风能资源的III、IV类区域（图3-1）。

江苏省近海地区极少出现冰雹和短时间的龙卷风等灾害性天气，海域广阔，海底地形平坦，台风影响相对较小，蕴藏着巨大的开发利用的潜能。

2. 风力发电机

风力发电机是一种先将风能转化成机械能，再把机械能转化为电能的机电设备，是风力发电不可或缺的核心设备。其主要部件是叶片、发电机和塔

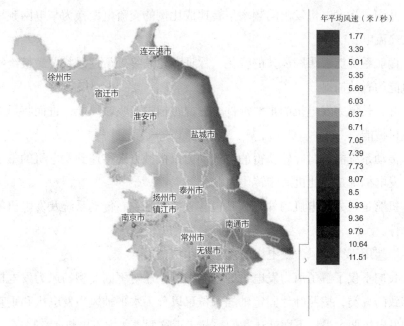

图3-1 江苏省风力资源分布

架等。

（1）风力发电机的结构

风力发电机由许许多多的零部件构成，按零部件功能区分，主要分为控制系统、传动系统、偏航系统、叶轮、发电机、机舱、塔架等（图3-2）。

控制系统是风力发电机的核心部件，由主控系统、变桨系统与变频系统组成，承担着风力发电机监控和保护等任务。其中，主控系统是风电控制系统的主体，负责控制风力发电机各个部件的启动、转

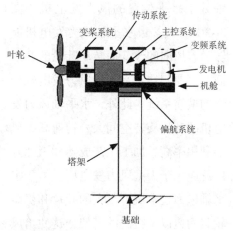

图3-2 风力发电机组成

向、调速及故障停机等。变桨系统则是通过对叶片旋转角度的控制，从而能够最大限度地捕获风能以及保障叶轮稳定在一定转速下工作。变频系统主要

用于并网，将发电机发出的频率与转速成比例的交流电变换为与电网频率相同的交流电。

偏航系统能够跟踪风向的变化，保证叶轮始终处于迎风状况，最终实现对风能的有效捕捉。

叶轮是风力发电机的重要部件，它通过捕捉、吸收风能，进而将风能转变成机械能。

传动系统能够将叶轮获得的空气动力以机械方式传递到发电机的整个轴系，发电机则是将此机械能转化为电能。

机舱是风力发电机的外壳，其包容着控制系统、传动系统及发电机等核心部件。

塔架用于支撑风力发电机的机舱和叶轮。

我们不仅了解了风力发电机的基本结构，还对不同类型的风力发电机做了细致的分类，按照叶片固定轴的方位可以分为水平轴风力发电机和垂直轴风力发电机两大类。下面就让我们一起走近这两类风力发电机。

（2）水平轴风力发电机

水平轴风力发电机指的是旋转轴处于水平位置的风力发电机（图3-3）。大多数水平轴风力发电机能够随着风向的改变而转动叶轮的迎风面，这要归功于水平轴风力发电机配置的偏航系统。此外，水平轴风力发电机的叶片旋转空间大、转速高、风能利用率高、加工工艺成熟，因此其广泛应用于大型风力发电厂。由于水平轴风力发电机有巨大的叶片和机舱轮毂构造以及很高的塔架，这便给风力发电机的维护带来一定的困难。另外，国内外大量案例表明，水平轴风力发电机在城市地区经常不转动，在高风速地区经常出现风机折断、脱落

图3-3　水平轴风力发电机

等问题，造成行人受伤、车辆损毁等危险事故。

（3）垂直轴风力发电机

垂直轴风力发电机指的是旋转轴垂直于地面的风力发电机（图3-4）。

垂直轴风力发电机与水平轴风力发电机相比，优势在于它可以多向受风，对风的来向没有要求，因此也不需要偏航装置。此外，垂直轴风力发电机叶片转动空间小，抗风能力强，塔架设计简单，发电机多布置在地面，也给设备的维修保养带来便利。

研究表明，在同等风速的条件下，特别是低风速地区，垂直轴风力发电机的发电效率要高于水平轴风力发电机；而在高风速地区，垂直轴风力发电机要比水平轴风力发电机更安全稳定。

图3-4 垂直轴风力发电机

3. 影响风力发电机发电量的主要因素

风电场的经济效益与风力发电机的发电量是直接相关的，所以为了追求更高的风电场经济效益，我们就要了解风力发电机的发电量与什么有关，这样我们才好对症下药。影响风力发电机发电量的因素有很多，比如风能资源、风向及风力发电机的布置等。

（1）风能资源

平均风速、风能密度是衡量风能资源的主要指标。

平均风速指的是一个地方的月平均或者年平均风速。平均风速越高，那么风能资源越丰富，其风力发电机的发电量也就越高。风电行业采用IEC风力分级对一个地区的风速进行量化。IEC数值越大，风力越弱。

IEC 风能等级分类 　　　　　　　　（单位：米/秒）

IEC 分级	平均风速	年最大风速	最大阵风	50 年最大风速	50 年最大阵风速
Ⅰ	10	37.5	52.5	50.0	70.0
Ⅱ	8.5	31.9	44.6	42.5	59.5
Ⅲ	7.5	28.1	39.4	37.5	52.5
Ⅳ	6	22.5	31.5	30.0	42.0

　　风能密度与当地的空气密度有关，取决于当地的大气压力和温度，不同区域以及不同的时间，风能密度是不同的。

　　一般来说，沿海地区地势低、气压高、空气密度大，风能密度就比较高。如果配合较高的风速，就意味着这个地区的风能资源比较大。在地势高、气压低、空气稀薄的地区，风能密度小。如果没有非常高的风速，那么该地风能资源就比较低。可见，风速越高、风能密度越大的地方风能资源就越好。我国的许多地区如内蒙古（图3-5）、新疆、甘肃、辽宁、江苏等地拥有良好的风能资源。

图3-5　内蒙古有较丰富的风能资源

（2）风力发电机的布置

如何在指定区域内布置风力发电机机组，会影响机组的年发电量，继而影响到整个风电场的经济效益。

风力发电机的布置要考虑几个方面的问题，比如机组之间的相互影响、机组相互间的距离要求、地面粗糙度、地形等因素。点状布置是大型风力发电站的合理布置，每一个风力发电机机组的安装点都必须经过严格的测算与评估，以消除机组间因气流紊乱而产生的负面影响（图3-6）。

图3-6　风力发电机布置

4. 我国风力发电机的主要功率等级和技术参数

风力发电机的功率指的是发电机每小时能产出多少兆瓦的电能。根据产生的电能的不同，我国的风力发电机分为8个主要功率等级，分别为1.0兆瓦、1.25兆瓦、1.5兆瓦、2.0兆瓦、2.5兆瓦、3.0兆瓦、4.0兆瓦、6.0兆瓦等。

我国主要的风机制造企业制造的风力发电机功率等级如下：新疆金风科技股份有限公司风力发电机产品（图3-7）的功率等级为2.0兆瓦、2.5兆瓦、

3.0兆瓦以及6.0兆瓦；连云港中复连众复合材料集团有限公司的风力发电机产品（图3-8），功率等级为1.25兆瓦、1.5兆瓦、2.0兆瓦、2.5兆瓦、3.0兆瓦。

图3-7　金风科技2.X型风机　　　　图3-8　连云港中复连众风机

　　风力发电机的功率不同，则风力发电机的叶片长度也不同。一般而言，风力发电机的功率越大，其叶片的长度越长。例如，功率为1.0兆瓦的风力发电机叶片长度一般在30~35米。2.0兆瓦的风力发电机叶片的长度一般为35~40米。而且不同的生产厂家生产相同功率等级的风机，叶片长度也略有不同。

　　不过，并不是所有的风力发电机叶片都是随着功率的增长而变长的，也存在着低功率的风力发电机为了适应低速风场的风力而使其叶片长度比高功率风力发电机的叶片长度长的例子。这是因为在正常情况下，风力越强，所选用风力发电机的功率越高。但是许多低风速地区由于风资源薄弱，现有安装的小功率风力发电机组的发电能力根本无法被真正利用，导致风电场的年利用小时数降低。研究发现如果将低功率风力发电机的叶片长度变长，可以有效地提高低风速区域的风能利用率及年利用小时数，故而风力发电机机组的叶片长度要根据实际的风场情况而定。

5. 并网风力发电

　　为了实现风能的规模化应用，并网风力发电是国内外最主流的做法。并网发电是指发电机组的输电线路与输电网接通并开始向电网输电。并网运行的风力发电站可以得到大电网的补偿和支撑，更加充分地开发利用风力资源。在日益开放的电力市场环境下，风力发电的成本在不断降低，如果考虑到环境等因素带来的间接效益，风电在经济上也具有很大的吸引力（图3-9）。

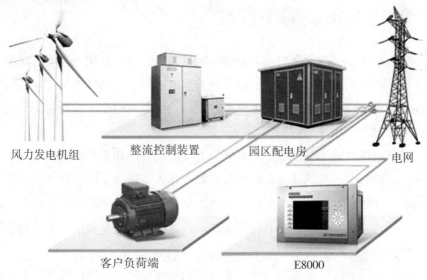

风力发电机组　　整流控制装置　　园区配电房　　　　电网

客户负荷端　　　　　　　　E8000

图3-9　并网风力发电

　　并网运行的风电场之所以能够在全世界的范围内获得快速发展，除了能源和环保方面的优势外，还因为风力发电场本身具有建设工期短、实际占地面积小、运行管理自动化程度高等优点，但并网风电发电仍面临着许多亟待解决的技术难题。在这样的情况下，如果要更好地开发利用风能进行发电，就需要对风力发电机进行有效的控制，主要原因有以下两点：

　　一是由于风能的随机性和不稳定性，加上空气密度、桨距角的变化，难以保证输出功率的平衡性。风能的随机性体现在风速的变化上，影响着风力发电机机组的输出功率，导致其频繁变化。不仅如此，塔影效应、偏航误差和风剪切等因素会对风力发电机的叶轮转动造成影响，转矩的频繁变化同样会使得风力发电机的输出功率不稳定。

　　二是并网风力发电必须使用电能质量监测系统对其进行监测。2014年10月1日，由国家标准委员会制定的《风力发电机组电能质量测量和评估方法》（GB/T 20320—2013）正式实施。该标准针对风力发电机机组并网前的电压波动和闪变、电流谐波、间谐波和高频分量、电压跌落响应、有功和无功功率的测量、电网保护以及电压不平衡度等各项电能质量进行了规定。风力发电只有满足上述规定，才能并网。

6. 风功率预测的重要性

电力系统是一个复杂的动态系统，维持发电、输电、用电之间的功率平衡是保证供电质量的基本要求。由于风力发电机组输出的功率的波动性和间歇性，特别是当大规模风力发电机组并网后，对电网的安全运行带来了诸多不利的影响。

国家电网或地区电网除了对并网风力发电机组的功率控制提出更高的要求外，还对并网运行的其他发电设备（如燃煤火电机组）提出更高的调峰运行要求。即跟踪电网周波的变化，快速改变其输出电功率的能力。其他发电设备调峰能力一方面取决于其控制系统的设计性能；更重要的一方面是需要根据预测结果，提前控制。

由于风能的波动性和间歇性，很难使用机理建模方法获得风能的准确预测结果。目前，大多采用数据驱动建模的方法。即利用某一风电场积累的大量统计数据建立回归模型。

建模需要的数据包括：风资源数据，如叶轮处的风速、风向等；环境状态，如风机处的地形、地貌等；气象资料，如当地气温、气压、湿度等；风力发电机的功率输出。

基于预测模型，可以根据风资源数据、环境状态、气象资料等实时数据，对某风电场的各个风力发电机机组的功率输出做出预测（图3-10）。

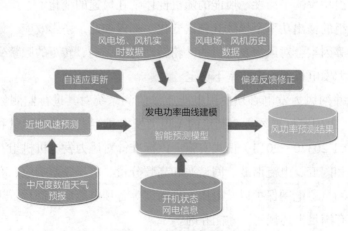

图3-10　风功率预测

电网调度部门对风电功率预测的基本要求有两个：一是日预报，要求并网风电场每日提交以15分钟为单位从次日0时到24小时的风电有功功率；二是实时预报，要求并网风电场每15分钟滚动上报未来15分钟至4小时的风力发电有功功率和实时风速等数据。

7. 江苏省的风力发电装备制造产业

海上半直驱风机，高效永磁风机，60米以上的叶片、碳纤+玻纤叶片，超过100米的混凝土塔筒……风机装备制造业近年来推出了一个又一个新产品。

江苏省的风机装备制造水平居全国前列。据江苏省能源局新能源与可再生能源处统计，截至2016年底，江苏省的风机装备骨干企业已达200家，全国排名前五位的风整机制造企业均在江苏省拥有核心制造基地，且众多领军企业均拥有核心关键技术。

远景能源（江苏）公司位于江阴市，是国内风机制造业的领跑者。远景能源能够结合不同地区风能的特点，开发出适用的高性价比风电装备。

针对地处平原的苏皖、鲁中、胶东、浙北等地区，具有城镇多、人口密集、风速小等特点，需建设高塔筒风电机组；针对地处丘陵地带的华南地区，需大叶片的风机装备；针对地处沿海的浙南、福建、广东等地区，具有多雨、多台风、气象条件比较恶劣等特点，需变桨锁和备用电源；而针对地处山地的西南高海拔地区，则更需要便于运输安装的分段塔筒。

远景能源还在丹麦、德国、美国等国家设立了风电技术创新机构，有针对性地开展技术攻关，自行或主导研发了不少新产品（图3-11）。

南京高精传动设备制造集团有限公司是国内风电装备业的龙头企业，其专门开发了针对海上风电的"中速半直驱风机"和针对低风速风电场的60米以上叶片（图3-12）。

南通中天科技海缆公司是全球海缆行业的领军企业，该公司自主研发的±160至±525千伏系列高压直流海缆产品技术国际领先，已陆续应用于如东、响水等海上风电场。其中"±200千伏光纤复合直流海底电缆"拥有国内最长距离、最大截面两项纪录。

图3-11 远景能源的产品　图3-12 南京高精传动的产品　图3-13 连云港中复连众的产品

连云港中复连众复合材料集团有限公司，拥有国内首家室内风机叶片全尺寸检测中心，建有国家级企业技术分中心、国家级博士后科研工作站，具备年产万只兆瓦级风力发电机叶片的实力，产品批量出口阿根廷、英国、日本等国家和地区（图3-13）。

8. 特殊的风力发电机

为了适应不同地区不同风资源的状况，风力发电机的形式多种多样，除了上述提到的常规风力发电机机组外，还有很多特殊的风力发电机，最具有代表性的为以下四种：

（1）无叶片风力发电机

一般情况下，我们所看见的风力发电机都是水平轴扇叶风力发电机，然而这样的风力发电机存在着一些弊端。因为风力发电机间需要存在较大的安全距离，所以在固定的区域内能够安装的风力发电机数量有限，而且对低空飞行的鸟类也会产生较大的影响。

是否只有通过叶轮旋转才能捕捉风能？西班牙Vortex Bladeless公司开发了无叶片风力发电机。它利用了结构的振荡来捕捉风能，通过感应或压电发电机将风能转化为电能。

无叶片风力发电机减少了叶片、机舱、轮毂、变速器、制动装置以及转向系统的设计与制造，具有无磨损、性价比高、便于安装和维护、环境友好及土地利用率高等特点。

（2）马格努斯效应风机

马格努斯效应是流体力学中的常见现象。物体旋转可以带动周围物体旋转，使得旋转物体一侧的流体速度增加，另一侧的流体速度减小。流体力学中指出，流体速度增加会导致压强减小，所以由于旋转物体两侧的流体速度不同，便会在旋转物体两侧出现压强差，产生一个横向力作用在旋转物体上，这一现象称为马格努斯效应。

马格努斯效应风机（图3-15）的叶轮由自旋的圆柱体组成。当它在气流中工作时，由于马格努斯效应产生了与风速大小成正比的横向力，横向力做功从而达到捕捉风能并转化成机械能的目的。

图3-14　无叶片风力发电机　　　　图3-15　马格努斯效应风机

（3）径流双轮式风机

传统的单轮型垂直轴式风机叶轮的旋转方向相对于工作风向一侧是顺风的，另一侧则是逆风。因此便存在叶轮只能被动地利用和接受风力以及回转复位耗能多等问题。径流双轮式风力发电机是一种应用径流双轮效应的新型风能转化方式，呈双轮结构。通过增加独立叶轮构成双轮并立的组合叶轮形式，将互相反转双轮靠近安装，双轮转至外侧的桨叶都顺风工作，同时捕捉风的推力转为旋转力，双轮转至内侧的桨叶合力克服逆风阻力完成回转复位。如此一来，双轮相互借力、相互推动，不仅减小了叶轮空转复位时的阻力和耗能，还巧妙利用叶轮回转复位时将逆向风流交替分拨于两轮外侧工作桨叶上而增加了动力输出（图3-16）。

这种径流式风力发电机具有设计简捷、易于制造加工、转数较低、重心下降、安全性好、运行成本低、维护容易、无噪声污染等明显特点，满足我国节能减排的需求，市场前景一片美好。

（4）达里厄式风机

达里厄式风机是法国G.J.M达里厄于19世纪30年代发明的一种风力发电装置。后来在20世纪70年代，加拿大国家科学研究院对此进行了大量的研究和改进。目前，达里厄式风机是水平轴风力发电机的主要竞争者。

达里厄式风机是一种升力装置，我们可以从图3-17中清晰地看到达里厄式风机叶轮的叶片是弯曲的，且剖面呈翼型。它的启动力矩低，但尖速比（叶轮尖端线速度和风速之比）很高，对于给定的叶轮重量和成本，具有较高的输出功率。经过发展和变革，目前达里厄式风力发电机已经有了不同的类型，如Φ型、Δ型、Y型和H型等。

图3-16 径流双轮效应风机

图3-17 达里厄式风机

9. 陆上风电场与海上风电场

风电场建设的地理位置不同，其相关特性和要求也不同。

我们可以将风电场大致地分为陆上和海上两大类，它们有什么区别呢？

（1）神奇的陆上风电

提起陆上风电，就一定会提到内蒙古的乌兰察布。乌兰察布是内蒙古乃至全国的风能富集区。地表以上70米高处年均风速在7.2~8.8米/秒，年有效风时达7 300~8 100小时，具有有效风时多、风能品位高、场地面积大的特点。乌兰察布风场的面积达6 828平方千米，大约是内蒙古地域面积的1/3，风场16处，其中百万千瓦级以上风电场9处，十万千瓦级及以上风电场7处，装机容量可达2 400万千瓦，被誉为"空中三峡、风电之都"。

其中，辉腾锡勒风电场是亚洲最大的风力发电场，该风电场地处高海拔的内蒙古高原，而且处于风口位置，风力资源非常丰富，稳定性强、持续性好。辉腾锡勒风电场距地面10米高度的年平均风速达7.2米/秒，距离地面40米高度的年平均风速为8.8米/秒，年平均风能密度为662瓦/平方米，年平均空气密度为1.07千克/立方米，10米高度和40米高度5~25米/秒的有效风时数为6 255~7 293小时，是建设风电场最理想的场所（图3-18）。

图3-18　辉腾锡勒风电场　　　　图3-19　新疆托里风电场

新疆托里风电场位于全国风力资源最丰富的达坂城风区，它是国家规划的6个百万千瓦级风电场之一（图3-19），也是新疆维吾尔自治区和乌鲁木齐市的重点工程。这里的风能资源良好，距离地面70米高度的年平均风速为8.61米/秒，年平均风能密度为665.77瓦/平方米。新疆托里风电场是新疆风电风机设备实现兆瓦级突破的标志性工程，并形成了绿色建筑、地源热泵以及风机国产等多项成果，引领风电场建设国产化进程，为新疆开发利用可再生能源、减少污染、保护环境起到了良好的示范作用。

（2）雄伟的海上风电

考虑到投资和维护的方便，大多数风力发电是陆上风电。事实上，在广袤无垠的海面上照样可以建设雄伟的风力发电站。海上风电与陆上风电相比，往往具有机组发电量高、单机容量大、不占用土地、不消耗水资源以及适宜大规模开发等优势。

近年来，位于东部沿海地区的江苏省充分利用其风能资源的优势，加快了海上风电的蓬勃发展。仅以江苏省南通市如东县为例，截至目前，就已累计建成18个风电项目，总装机容量达180万千瓦。其中以如东海上潮间带试验风电场、中广核如东海上风电场、华能如东30万千瓦海上风电场为代表。

中广核如东海上风电场位于江苏省南通市洋口港东侧的黄海海域（图3-20），于2016年9月8日正式投入运行。中广核如东海上风电场离岸距离25千米，水深15米，是我国第一个满足"双十"要求的海上风电场，（"双十"：离岸超过10千米，水深超过10米），配套建设了一座110千伏海上升压站，安装了38台西门子4兆瓦海上风机，总装机容量达到152兆瓦。海上风电技术难度大、要求

图3-20 中广核如东海上风电场

高、需要克服海上施工、抗海水腐蚀、抗盐雾腐蚀、电缆远距离铺设等多个世界级技术难题。中广核如东海上风电场的建成及投运标志着我国掌握了海上风电建设的核心技术，成为继德国、英国等国家后少数几个具备海上风电建设核心能力的国家之一。

华能如东300兆瓦海上风电场位于江苏省南通市如东县八仙角海域，总投资53亿元，并布置了50台4兆瓦和20台5兆瓦风力发电机组，配套建设两座110千伏海上升压站和一座220千伏陆上升压站，是目前亚洲最大的海上风电场。华能如东300兆瓦海上风电场于2017年9月30号正式投入运行，它的投运为江苏省沿海经济带绿色能源产业大板块的构建拓展了新的发展空间（图3-21）。

图3-21 华能如东300兆瓦海上风电场

华能如东300兆瓦海上风电场这一超级工程开创了国内多项纪录：国内第一个"双胞胎"海上升压站；国内最粗的三芯海缆；首次规模化应用了20

台5兆瓦的风机，配备了转动叶轮直径居亚洲第一、世界第二的海上风电叶片。叶片的长度为83.6米，叶片转动时的叶轮直径可达171米，扫风面积达到2.3万平方米，相当于4个标准足球场大小，风机发电效率可想而知。

10. 非并网风力发电

尽管并网风力发电是大规模利用风能的主流形式，但也存在一定的不足。主要是为了满足电网安全稳定的要求，往往伴随着一定的"弃风"损失；不仅如此，还有双向潮流引起的问题、无功和电压问题以及谐波等技术问题也给风电并网带来诸多挑战。

（1）非并网风电的体系化研究

"非并网风电"指的是大规模风电的终端负荷不再是电网，而是将风电输送到一些高耗能、能较好地适应风力发电特性的产业。江苏省宏观经济研究院顾为东教授团队率先开展了非并网风电技术的研究，创建了非并网风电—高耗能产业集成系统。这套系统能够有效地将风力发电与电解铝、氯碱工业、海水淡化、制氢、煤化工、冶金、新能源汽车等产业相结合，并与企业合作建设了一批示范工程，比如江苏大丰的非并网风电日产百吨和万吨淡水示范项目，辽河油田和大庆油田的非并网风电抽油示范项目等。

非并网风电—高耗能产业集成系统的建立是对风能应用的全新探索和尝试，在世界范围内都属于技术首创。

（2）非并网风电的工程化示范应用

非并网风电技术的关键在于找到对功率波动不敏感的机械能或者电能用户。

一般而言，可间断生产的高耗能产业是非并网风力发电的典型用户，如海水淡化、海水制氢、空气分离以及空气压缩等。

非并网风电技术避免了风电在电力传输、储存过程中的浪费，也从根本上解决了"弃风"的问题，具有良好的能源利用效率和投资效益。

新能源与部分高耗能产业发展因非并网风电技术而得到了优化，主要体现在两个方面：

一是风力发电机组所产生的电能不再依赖传统的输电模式，而是通过非并网的方式直接为用户所接收，不仅避免了风电并网对电力系统的影响，而且实现了大规模风电应用的高能效、低成本等特点，有助于改善风力发电机组的经济效益。

二是非连续生产的企业通过供能方式的改变，提高了经济效益和市场竞争力。非并网风电使传统的海水淡化、海水制氢以及盐化工等产业焕发新的生机。

近年来的研究表明：通过电解槽的储热蓄能技术改造，可以有效提升电解铝生产过程中对输入电功率波动的适应性，从而为电解铝生产过程中应用非并网风力发电创造了条件。非并网风电生产电解铝，一方面扩大了非并网风电的应用领域；另一方面，也可以将电解铝的生产过程转换为电储能过程，为电网提供巨大的需求响应能力。

历时四年，顾为东教授团队完成了基础理论到科技创新再到产业应用全过程的系统性成果——在江苏省盐城市沿海建立了中国首个非并网风电多元化应用，"中国—加拿大政府国际科技合作项目"风电海水淡化示范工程。

该示范工程突破了以前大规模风电并网这种单一的应用模式，是我国"973计划"风能项目基础研究和产业化应用相结合的创新成果，具有完整、系统的自主知识产权，在创立中国特色风电多元化发展之路上迈出了重要一步。它不仅拓展了风力发电应用的空间和模式，而且在海水淡化的研究上开辟了全新的道路，为江苏省建立面向全国的风电海水淡化成套装备高端制造产业奠定了一定基础。2015年，国际首套大容量非并网风电——海水淡化集成系统（图3-22、图

图3-22　海水淡化集成系统

图3-23　风电海水淡化

3-23）在江苏省诞生，这意味着非并网风力发电在实际生产、生活中得到进一步应用。该套设备与风能这种可再生能源相结合，能够有效地降低成本，并且不会对环境造成污染。相信在科研人员的努力下，在国家政策扶持下，我们的技术将会不断向前推进，超越曾经在海水淡化技术上领先的传统优势国家。

第 四 章

第四能源

——生物质能

1. 种类繁多的生物质能

生物质能在我们的生活中经常出现，但与太阳能、风能不同，从字面上我们很难全面地了解什么是生物质能。不过，根据国际能源机构（IEA）对生物质能的定义我们可以知道，生物质指的是包括动植物和微生物在内的所有通过光合作用而形成的各种有机体，而生物质能则指的是太阳能以化学能形式储存在生物质中的能量形式。

生物质能一直以来都是人类赖以生存的重要的可再生能源之一，仅次于煤炭、石油、天然气。生物质能在整个能源系统中占有十分重要的地位。而且生物质能无处不在，与我们的生活密切相关，比如农作物秸秆、林木加工废弃物、畜牧养殖废弃物、渔业养殖废弃物、生活垃圾等统统属于生物质能（图4-1）。

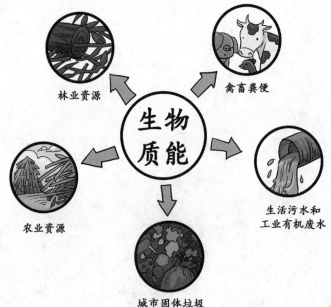

图4-1 生物质能的来源

生物质能具备碳中性，被认为是低碳能源。碳中性，指的是二氧化碳的排放量和二氧化碳的吸收量相等，对于生物质能而言，其燃烧过程中所排放出的二氧化碳与其从大气中吸收的二氧化碳相互抵消。

生物质能的优点非常显著。在新能源中，核能与水能在应用的过程中有潜在的破坏生态环境的风险，而太阳能、风能、地热能等可再生能源会因为不同区域的资源条件不同而受到限制。相比之下，生物质能因其普遍性、丰富性、可再生性等特点而得到人们的广泛认可。

生物质能不光能贮存太阳能，还可以转化为煤炭、石油、天然气等化石燃料。生物质能有以下几个特点：

（1）可再生性

生物质能属于可再生能源，取之不尽，用之不竭，可以通过植物和微生物的光合作用再生。

（2）低污染性

生物质的含硫量、含氮量非常低，如果将生物质作为燃料进行燃烧时，生成的污染物少，并且它排放的二氧化碳含量与生物质生长所需要的二氧化碳含量几乎相同，可以认为生物质能的二氧化碳净排放量接近于零。因而对于我们的生态环境而言，使用生物质能还能有效地缓解温室效应。

（3）分布广泛性

生物质能可以说遍地都是，只要有生物存在的地方，就有生物质能。故而在煤炭资源匮乏的区域，完全可以利用我们身边唾手可得的生物质能。

（4）总量丰富

生物质能是世界上第四大能源，根据生物学家的估算，地球陆地上每年生产1 000亿~1 250亿吨生物质，海洋每年生产500亿吨生物质，这里面所蕴藏的生物质能相当于全世界能源消耗总量的10~20倍。随着农林业的发展推广，未来的生物质能只会越来越丰富。

总的来说，生物质能储量大，分布广泛，属于可再生能源。如何合理地开发应用生物质能，是未来新能源研究的重要课题。

2. 农林废弃物的用途

我国是农林业大国，在整个农林业生产过程中会伴随着大量的废弃有机类物质产生，以5%~10%的速度逐年增长。而这种废弃的有机类物质，我们称其为农林废弃物。农林废弃物基本上都含有纤维素、木质素、淀粉、蛋白质、戊聚糖等营养成分，以及生物碱、单宁质、酚基和醛基化合物等有机体，普遍具有表面密度小、韧性大、抗拉、抗弯、抗冲击能力强等特征。

农林废弃物是自然界最为丰富的可再生资源。但是，目前我国的大部分农林废弃物都被当作垃圾丢在田间地头，人们将其燃烧或者任其腐烂变质，这都造成了可再生资源的浪费，甚至造成了大气污染、火灾等问题。

农林废弃物目前多作为农家燃料、禽畜饲料、田间堆肥等发挥初级用途，仅少量用于造纸、草编等深加工，利用水平较低。如何将大量的农林废弃物资源化并使其得到充分的利用，提升资源利用的利用率和经济性，引起了社会的广泛关注。

农林废弃物的用途主要有以下五个方面：

① 农林废弃物具有可燃性，可以将其作为能源使用。

② 农林废弃物具有丰富的营养成分，可以将其制作为肥料和饲料（图4-2），还可以将其深加工，生产淀粉、糖、酒、醋、酱油等生活食品。

③ 农林废弃物含有丰富的有机化合物和无机化合物，可以用来生产化工原料和化学制品。

图4-2　农林废弃物生产有机化肥

④ 利用农林废弃物的物理特性，可以生产质轻、绝热、吸声的植物纤维增强材料。

⑤ 利用农林废弃物特殊的结构构造，可以生产吸附脱色材料、保温材料、吸声材料、催化剂载体等。

近年来，农林废弃物在能源化、基质化、饲料化、工业材料化等方面的应用不断取得新突破。比如，秸秆还田的肥料化、热解产气工艺的能源化、农村的沼气工程化、秸秆的青贮饲料化等农林废弃物资源化利用的关键技术已逐步推广。

全社会对农林废弃物资源化利用的意义已经达成共识，而当前对于农林废弃物资源利用最紧迫的任务是研发适合我国农业现状的简便、有效、低成本的综合利用新技术。

将不同应用领域的各项技术组合优化，形成一整套利用体系，完善农业产业链，提高资源化利用率，是降低再利用成本非常有效的途径。农业技术、环境技术科研部门和各级、各地政府部门应加大人、财、物、技术的投入力度，借鉴国外成功经验和先进技术，加速我国农林废弃物资源化利用的发展进程。

3. 秸秆的资源化利用

秸秆是我国农林废弃物的代表之一，通常指的是小麦、水稻、玉米等农作物在成熟收割之后剩余的部分，是成熟农作物茎叶部分的总称。目前，秸秆种类将近20种，且产量巨大。

秸秆的产生和处理与农民收益密切相关，因为秸秆目前没能成为农民致富的一种资源，所以农民只能采用焚烧这种传统的处理方式。这种无控焚烧会造成生态环境的严重污染。合理利用秸秆资源，有利于经济和环境的协调健康发展（图4-3）。目前专家针对秸秆资源的利用也开展了一些研

图4-3 秸秆处置面临的问题

究，其中有的研究也已经得到了实际的应用。

（1）秸秆的处理方式

我国目前的秸秆处理方式归纳起来，大概分为以下几个方面：

① 秸秆发展养殖业。我们可以将秸秆经过氨化处理后，变成牛、羊的饲料，在农畜业中发挥更大的作用，提高经济效益。

② 秸秆气化新能源。秸秆可以通过热解和还原反应变成沼气，沼气作为燃料可以直接投入使用，变废为宝。

③ 秸秆用于建筑行业。利用秸秆制作的人造板材机械加工性能良好，其最大的特点就是不会释放有害气体，是一种绿色环保型人造板材。经特殊工艺处理后，还具有防水和防震等性能，因此可以替代木材、石膏以及玻璃钢等建筑工业材料。

（2）秸秆产业化利用面临的问题

要想解决秸秆的产业化利用问题，就必须让农民从秸秆利用的过程中能够获得一定收入，这样才能促进秸秆产业化的发展。但是，目前存在着的许多问题，制约了其发展。面临的主要问题有以下几种：

① 秸秆本身的收集、运输、贮存问题。秸秆作为农作物的副产品，体积大，运输费用较高，贮存方式单一，以堆垛的贮存方式为主，易发霉腐烂，且易燃。

② 秸秆工业化利用会产生新的污染，从而增加处理成本。秸秆工业化利用可以说是解决秸秆问题的最佳方案，但是会产生其他污染。比如，秸秆生产乙醇是秸秆工业化利用的一种比较好的方式，但在生产乙醇的过程中会产生大量的废水，造成了水资源的严重污染，还需花费一定成本进行水处理。

③ 秸秆产业化研发的投入成本高。从秸秆利用技术的研发、生产过程再到污染的防治以及设备运行维护都需要大量的投入，成本偏高，最终必然导致秸秆产业化的发展受到阻碍。以秸秆造纸和秸秆生产乙醇为例，秸秆的大规模收集和运输费用高，导致秸秆不被国内造纸产业所接纳为原料，而秸秆生产乙醇的成本更是高出秸秆造纸数倍。

就目前来说，秸秆气化的能源利用方式投入成本较小，产生的污染也很少，附加值很大，可以大幅度地提高秸秆的利用率，是当前秸秆利用的一条重要出路。

4. 生物质气体燃料

我国是一个农业大国，秸秆资源丰富，每年生产量高达6亿吨，相当于3.5亿吨标准煤，如果这部分资源没有得到有效的利用，不仅造成了资源的浪费，还污染了环境。

秸秆气化是秸秆资源化利用的一种方式。从广义上来说，秸秆气化又被称为"生物质气化"，指的是农林业生产中产生的秸秆在缺氧状态下，通过热化学反应将秸秆中的碳转化为高品位、易输送、利用效率高的可燃气体的过程（图4-4）。

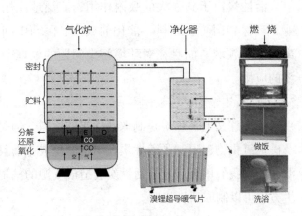

图4-4　秸秆气化的用途

玉米秸、高粱秸、豆秸、麦秸、树枝、木屑、稻壳等农林废弃物在自然风干的情况下其含水量可降低至20%以下，用铡草机将其铡成15~20毫米的小段，随后送入秸秆气化炉，在气化装置内缺氧燃烧，随着温度升高，秸秆中可挥发物质逐步析出，再经过气化炉热解、氧化和还原反应后转变为一氧化碳、氢气以及甲烷等无尘无烟的可燃气体。可燃气体经过降温、冷却、除尘和除焦油等净化浓缩工艺处理后，借助输送管道供给各家各户使用。

秸秆制沼气也是常见的生物质气体燃料。以我国岫岩县为例，建成一个10立方米的沼气池需要一次性投资2 000~3 000元，7天左右可建成，半月之内产气，沼气池平均使用寿命约有30年。建成之后，每户家庭每年可产沼气380~450立方米，可节省烧柴以及液化气支出270元、化肥支出100元，同时增加养殖业、种植业收入2 700元，每户节省合计3 070元。岫岩县大约有5万户，通过这样的方式开源节流，全县每年可节省15 350万元，经济效益非常可观。

5. 生物质制备活性炭

活性炭，指的是一类含有丰富空隙结构和高比表面积的碳质吸附材料，可分为微孔（＜2纳米）、中孔（2~50纳米）和大孔（＞50纳米）。不同孔径的活性炭可以吸附不同的分子。

活性炭由于其强大的吸附作用，广泛地应用于气体传感器、工业、农业、环保、国防、原料、催化剂载体、医药中间体以及空气净化、化学分离等众多领域。而且在对环境污染问题的处理中，活性炭也得到了非常广泛的应用。

（1）生物质活性炭的制备

传统意义上，煤炭是制取活性炭的原料，但是由于煤炭含较多的灰分以及硅铝氧化物，限制了活性炭孔结构的生成。而且由于煤炭属于不可再生能源，如果我们用煤炭制取活性炭会造成资源的枯竭，那么又有什么样的可再生方式可以制取活性炭呢？

近年来，生物质活性炭的制备和应用受到了社会的广泛关注。首先，生物质属于可再生能源，且来源十分广泛，许多农林业副产物，比如胡桃壳、废茶叶、玉米芯、香蕉皮、玉米秸秆和木薯皮等，都被尝试用作制备成本低廉的活性炭；其次由于这些原料价格都十分低廉，具有比较高的经济性；最后，生物质制备活性炭可以很好地利用农林废弃物，将这些废弃资源得到高效的利用，变废为宝。

物理活化法和化学活化法是生物质制备活性炭最常用的两种方法。物理活化法指的是将二氧化碳、空气或者水蒸气作为活化剂，通常经过高温热解和活化两个阶段得到活性炭，原料在惰性气体的环境下经过400~800℃的温度进行加热炭化，得到具有一定孔结构的炭，再利用高温有控制地使用活化剂对炭进行活化，增加孔的数量，最终得到活性炭。化学活化法指的是将原材料浸在$ZnCl_2$、$FeCl_3$、KOH、$NaOH$等活化剂中，随后将其置于惰性气体的环境中经过400~800℃的温度进行加热炭化，最终形成活性炭。

与物理活化法相比，化学活化法将炭化和活化一步完成，并且部分活化剂还可以回收再利用。

（2）生物质活性炭的应用

经过生物质制备的活性炭主要应用在以下几个方面：

① 水处理。水是我们生命之源，如果没有优质的水源，我们人类也将面临灭绝。水质污染严重危害了我们的身体健康，而水处理则是环境保护的重点。活性炭在水处理中起到了不可替代的作用，因而需求量逐年增加。使用生物质活性炭可以处理所有类型的有机杂质和气味，还可以去除漂白水处理工艺所产生的烃。

② 空气净化。随着工业化发展，大量的工业污染和机动车尾气排放使得空气质量逐年下降，对人体健康造成了危害。而使用生物质活性炭可以吸附空气中的微小颗粒，降低PM2.5排放，达到净化空气的目的。

③ 气体存储。生物质活性炭由于吸附容量高、吸附速率快和可逆性等优点，可以在短时间内吸附大量的气体。不过值得注意的是，生物质活性炭的孔径大小、密度、孔隙几何形状影响着气体存储的效果。我们需要针对存储气体的不同类型而选择合适的生物质原料以及制备活性炭的方法，才能达到预期的气体存储效果。

图4-5 活性炭应用的领域

6. 世界性难题——垃圾围城

有一种东西伴随着我们的生产、生活而源源不断地产生，只增不减，那就是垃圾。

垃圾不仅对生态环境造成了污染，而且是困扰城市发展的难题。据2011年有关部门统计，我国城市的人均垃圾年产量达440千克，且每年以超过10%的速度增长，垃圾堆存累计侵占土地5亿平方米，超过2/3的城市被垃圾群包围，真可谓是"垃圾围城"。

对于垃圾的处理方式，目前世界上许多国家不约而同地经过先填埋、后焚烧进而分类回收的发展过程。

（1）垃圾填埋

垃圾填埋费用高，而且垃圾填埋之后的垃圾渗出液会污染地下水以及土壤。如果采用垃圾填埋的方式，会将大片土地变为填埋场。而且不断堆积的垃圾会产生臭气，影响周围的空气质量。一旦发酵，产生的甲烷会引发火灾和爆炸，排放到大气中又会产生温室效应。

（2）简易垃圾焚烧

由于垃圾填埋的方式对环境造成了一定的危害，因此后来西方国家广泛采用简易垃圾焚烧的方法处理垃圾。这虽然解决了垃圾填埋产生的问题，但是投入的资金成本高，经济效益低。而且垃圾焚烧还会产生二氧化硫、氮氧化物、烟尘、二噁英以及重金属等，对环境和人体都会造成严重的损害。所以，大多数国家和城市已经明令禁止了垃圾焚烧的处理方式。

（3）分类回收和资源化利用

目前，分类回收是世界各国公认的最科学、最环保的垃圾处理方式。

什么是垃圾回收呢？垃圾回收指的是通过筛选和加工对垃圾进行回收再利用。我们生产、生活中产生的金属、玻璃可以提供给相关工厂进行回收与再生，纸张、塑料、破布、木屑等可燃物可以通过干燥和发酵的方式制作再生煤，剩余的生活垃圾可以作为垃圾电站的燃料加以利用，而废旧电池、油漆等不便于再利用的危险废弃物则将进行无害化处置（图4-6）。

通过这样的方式，可以实现对生产、生活产生的垃圾无污染、无废弃物、低二氧化碳排放处理。不过，由于我国无害化、减量化、资源化的垃

图4-6 垃圾分类回收

圾管理理念的普及程度并不高，政府缺乏一套完整的规范垃圾处理的干预制度，导致许多城市的垃圾分类并没能得到有效的执行。

现今，许多城市的大量生活垃圾只能简单填埋或随意堆放。可以说，垃圾分类的处理方式在我国任重道远。目前政府已经出台相应的垃圾分类管理条例，对乱扔垃圾的行为处以重罚，制约人们的行为，使人们养成不随意乱扔垃圾、分类存放垃圾的良好习惯，让"垃圾围城"的问题消失，打造更美好的城市和生活。

7. 垃圾焚烧发电的典型案例

越来越多的城市面临着"垃圾围城"的窘境，作为生活垃圾，当可利用物品被分类回收之后，会剩余一些无法直接利用的废弃物，其比例占总量的50%~80%，所以垃圾焚烧发电技术由此而生。

值得注意的是，垃圾焚烧发电技术和上文提到的简易垃圾焚烧处理方式是有很大区别的，垃圾焚烧发电是在专门的垃圾电站里完成的，并且会经过一系列专用装置将焚烧产生的有害物质分解掉，达到保护环境的目的。由此可见，垃圾焚烧发电是目前最符合生活垃圾处理"减量化、资源化、无害化"原则的处理方式。

从垃圾焚烧发电的原理分析，尽管垃圾分类有利于垃圾焚烧，但它并不是垃圾焚烧的必要条件。实际上，垃圾焚烧技术是一种能够适应处理混合垃圾的典型技术，目前世界上大部分采用垃圾焚烧的城市并没有做到也没有必要做到垃圾完全分类。但垃圾分类有助于焚烧过程的高效低污染，具有减量（减少垃圾处理量）、减排（减少污染排放量）、提质（改善燃烧工况）、提效（提高发电效率）等作用。

垃圾焚烧发电有几个重要步骤：一是将垃圾堆熟催化；二是垃圾多段燃烧（加热、燃烧、燃尽、冷却）；三是产生蒸汽汽动汽轮发电机发电与供热；四是烟气净化（脱硝脱酸除尘）；五是炉渣中金属分离与资源化利用处置；六是飞灰螯合与填埋；七是渗滤液厌氧、好氧、纳滤、反渗透处置及其中水回收利用。经过以上几个步骤，可以确保垃圾焚烧电站内的各类污染物排放严于国家标准，优于欧盟标准。

下面简要介绍一些国内外垃圾发电站的典型案例。

（1）光大国际杭州垃圾电站

光大国际垃圾电站于2017年在浙江省杭州市投入运行。该垃圾电站配置了4台由光大国际自主研发的750吨/日的机械炉排炉，2台35兆瓦纯凝式汽轮发电机组，采用SNCR（选择性非催化还原）+旋转喷雾半干式反应塔脱酸+干法脱酸+活性炭吸附+布袋除尘器+SCR（选择性催化还原）+湿法脱酸+GGH+烟气脱白的组合工艺对烟气进行净化，烟气排放执行欧盟2010标准。设计规模为日处理生活垃圾3 000吨，每年提供绿色电力约3.9亿千瓦时（图4-7）。

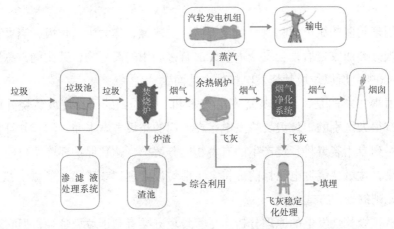

图4-7　垃圾焚烧发电流程图

光大国际垃圾电站通过喷石灰的方式处理燃烧后产生的二氧化硫、氯化氢等酸性气体，而氮氧化物会通过脱硝装置进行处理，最终排到大气的气体符合相关排放标准。

除了废气之外，渗滤液、飞灰和炉渣也是人们对于垃圾焚烧非常担心的问题。渗滤液主要产生于垃圾池内，光大国际垃圾电站将其导入净化系统，通过生物化学反应以及反复过滤之后，将其循环利用。而针对飞灰和炉渣的问题，一般而言，飞灰会通过稳定化技术处理，炉渣由于含有重金属，经提炼、筛选后可作为填埋场的填埋土使用。

（2）苏州光大垃圾发电厂

苏州光大垃圾发电厂是光大国际在苏州的垃圾发电项目，也是国家

AAA级生活垃圾焚烧厂。苏州光大垃圾发电厂将进行改造，预计改造后的日处理规模将增至5 250吨，烟气排放全面执行欧盟2010标准，预计每年提供绿色电力超过8.2亿千瓦时，全面实现城市生活垃圾的全量焚烧处理和资源化利用。

苏州光大垃圾发电厂的炉排炉、烟气净化系统、渗滤液处理系统等完全采用光大国际自主研发的核心技术，是全国垃圾发电行业中首个集国家环保、科普教育与工业旅游示范于一体的市政环保项目，曾被央视誉为"花园式垃圾焚烧发电厂"。

（3）日本首座"超级垃圾发电机组"

位于日本群马县棒名町的日本首座"超级垃圾发电机组"拥有风靡世界的高效垃圾发电新技术，它能将垃圾发电的效率提升到31%，创下垃圾发电厂热效率的新纪录。

采用新技术发电的时候，首先得用500~650℃的高温对垃圾进行烘烤，使垃圾变为热分解气体和碳化物，之后送入温度达1 000℃的燃烧炉中，生成一氧化碳气体，最后将气体通过燃烧转化成电能。在这个过程中，不需要对垃圾进行细致的分类，而且发电过程中产生的热能可以烘烤垃圾，蒸汽温度的大幅提高，使最终发电效率得到提升，减少了环境污染。

垃圾发电是一种具有良好环境效益和社会效益的绿色技术，无论从垃圾发电固有的工艺特性还是其技术的完善程度来看，都有着很大的发展空间。

8. 餐厨垃圾与生物柴油

餐厨垃圾，指的是在食品加工和饮食消费过程中产生的包括厨余垃圾和废弃食用油脂在内的废弃物。传统的餐厨垃圾处理方式容易引发许多环境问题，比如焚烧后未经处理就会产生二噁英等有毒气体，未经消毒直接喂食家畜会引发一系列疾病，垃圾填埋会破坏地下水系统并使得土地盐碱化……

相信大家对"地沟油"这个名词都不陌生。地沟油可分为三类：一是狭义的"地沟油"，即将下水道中的油腻漂浮物或者将宾馆、酒楼的剩饭、剩菜（通称泔水）经过简单加工、提炼出的油；二是劣质猪肉、猪内脏、猪皮加工以及提炼后产出的油；三是用于油炸食品的油使用次数超过一定次数后，再被重复使用或往其中添加一些新油后重新使用的油。"地沟油"是一种质量极差、极不卫生的非食用油。一旦食用"地沟油"，它会破坏人们的白细胞和消化道黏膜，引起食物中毒甚至致癌的严重后果。所以"地沟油"是严禁用于食用油领域的。但是，也确有一些人私自生产加工"地沟油"并作为食用油低价销售给一些小餐馆，给人们的身心都带来极大伤害。因此"地沟油"这个名称已经成为对人们生活中带来身体伤害的各类劣质油的代名词。

从本质上来说，餐厨垃圾来源于食物，其营养丰富，非常适合资源化应用，而生物柴油就是餐厨垃圾资源化处置的代表性应用。

（1）餐厨垃圾制备生物柴油

柴油，是一种重要的动力燃料，在世界各国的燃料结构中占有举足轻重的地位。但是，石油资源的日益枯竭和人们环保意识的提高大大促进了全世界加快柴油代替燃料的研究步伐。

而生物柴油则指的是以动植物油脂，也就是餐厨垃圾作为原料，经过反应得到的既可以作为化石燃料替代品，还可以作为化石燃料添加剂的物质。与传统的石化柴油相比，生物柴油使二氧化硫等硫化物的排放量减少了大约30%，一氧化碳等温室气体的排放量减少了约60%。

据统计，目前我国餐饮行业每年可产生的餐厨垃圾约6 000万吨，如果将其制备成生物柴油，产量十分可观，而且生物柴油的价格要比传统的石化柴油便宜很多。世界上的许多国家和地区在餐厨垃圾加工生产生物柴油的技术方面都已成熟，我国也相继出台了将餐厨垃圾加工成生物柴油的鼓励政策，为促进餐厨垃圾无害化、资源化处理提供了良好的社会环境。

以湖南省株洲市的某餐厨垃圾厂为例，在餐厨垃圾的源头收集时采用了预处理的模式，通过在厨房安装干湿分离及油水分离装

图4-8 餐厨垃圾处理流程

置对餐厨垃圾进行初步处理，榨干的废渣及提取出来的废油集中运至垃圾处理厂处理。

以每日处理的餐厨垃圾100吨计，最终能提炼出10吨的生物柴油及其副产品工业甘油。按照其一期工程的设计规模，该垃圾厂每年将处理54 750吨餐厨垃圾，实现年产生物柴油5 567吨、工业甘油715吨，总产值可达3 864万元。

（2）制备生物柴油的方法

制备生物柴油主要有物理法和化学法两种生产技术。

物理法包括直接混合法和微乳液法，其利用了动植物油脂具有高能量密度且可燃烧的特性。直接混合法就是将动植物油脂与柴油直接混合，但由于动植物油脂黏度很高，在燃烧的过程中易结炭；微乳液法是将动植物油脂制成微乳液，以降低其黏度，但所制备的微乳液的黏度仍会高于结炭黏度，长期使用，还是会存在结炭问题。故而物理法的生产技术逐渐被淘汰。

化学法利用动植物油脂中含有的脂肪酸和甘油三酸酯以及一定量的甲醇等低碳一元醇，在催化剂的作用下，经过一定的工艺技术条件进行酯化或者转酯化反应，生成相对应的脂肪酸低碳烷基酯，最终经过分离甘油、水洗、干燥等处理，即可得到生物柴油。化学法使油脂转化为分子量约为其1/3的单链脂肪酸甲烷基酯，从根本上改变其分子结构，改善其流动性和黏度，其动力特性和燃烧特性类似于石化柴油，可直接用作柴油内燃机的燃料。

根据生物柴油的制备原料、催化剂、生产工艺，化学法也分为许多种。比如，根据催化剂的不同，可分成酸催化剂法、碱催化剂法和生物酶催化剂法；根据生产过程的连续与否，则又可分成间歇式和连续式。由于目前国内生物柴油产业的规模还较小，所以基本上采用的都属于间歇式。虽然生产工艺方法存在着不同，但最终的产物都能够达到生物柴油质量标准。

生物柴油由于其二次利用的环保价值和较低的价格，受到了市场的欢迎。生物柴油的盈利能力和原油的价格有着密切的关系，一般来说，当原油价格每桶超过50美元之后，生物柴油将会有盈利空间，而原油价格不断上涨，生物柴油会更受到市场青睐（图4-9）。

图4-9 使用生物柴油给汽车加油

9. 生物质直燃发电

我国已经先后建成了一批生物质直燃发电厂，我们以江苏国信淮安生物质发电有限公司（图4-10）为例，介绍生物质直燃发电的相关内容。

图4-10 江苏国信淮安生物质发电有限公司

江苏国信淮安生物质发电有限公司位于淮安市淮安区，建设规模为2×75吨/小时中温中压水冷振动炉排秸秆直燃锅炉，配2×15兆瓦汽轮发电机组。这是我国第一个成功采用软质稻秸秆、麦秸秆作为燃料，全部采用国内设备和自主知识产权的秸秆发电项目，开创了我国软秸秆发电的先河，对国内生物质能的开发应用起到了示范意义和推广作用。

2007年11月，江苏国信淮安生物质发电有限公司1#机组投入商业运行。2008年4月，2#机组投产发电。与其他秸秆电厂相比，江苏国信淮安生物质发电有限公司运行状况良好。经计算，该公司每年消耗秸秆35万吨，节约标准煤14万吨，减排二氧化碳15万吨，发电量2亿千瓦时，上网电量1.8亿千瓦时，供热10万吨，实现营业总收入1.35亿元。

虽然该公司在运行过程中出现过堵料等故障，但经过多年的总结和探索，逐步解决了各项技术难题。随着技术的改进和成本的降低，呈现良好的发展势头。

江苏国信淮安生物质发电有限公司在技术上实现了不少突破，曾获得国家知识产权局颁发的"生物质能电厂上料系统的上料方法"发明专利证书和"生物质能电厂黄色秸秆的上料系统"实用新型专利证书。

不仅如此，该公司还荣获"2011年度国家优质投资项目""国家级循环经济试点企业""全国资源综合利用先进企业""江苏省两化融合试点单位""江苏省两化融合示范企业""江苏省节水型企业""淮安市科技进步一等奖""淮安市五一劳动奖状""淮安市新能源产业排头兵企业""淮安市产学研十佳单位""淮安市十一五节能示范企业"及"淮安市创新发展先进企业""淮安市和谐劳动关系、履行社会责任"四星企业等称号。

10. 性能优越的生物质成型燃料

我们将干枯的草木类（秸秆等）、木本类（枯树枝等）植物（图4-11）粉碎后在一定的压力作用下，可以压缩成为一种固形物。而这种固形物，我们也称其为生物质成型燃料，又或者是致密成型燃料、生物质固型燃料等。

这种压缩成型的生物质成型燃料与之前未成型的生物质相比，密度大幅度增加，解决了生物质储存和运输的难题，方便储存和运输。

生物质成型燃料可以根据其原料的不同以及添加物的情况，分为单一组分的成型燃料和复合成型燃料。复合成型燃料与单一组分的成型燃料之间的区别，就是前者在原料中添加黏结剂、脱硫剂以改善生物质燃料成型的便捷

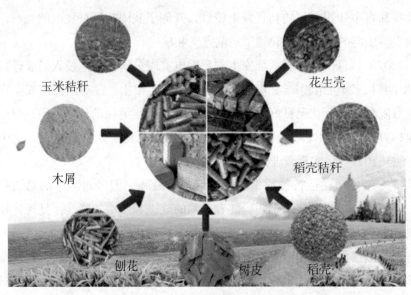

玉米秸秆

花生壳

木屑

稻壳秸秆

刨花 树皮 稻壳

图4-11　生物质成型燃料的来源

性、成型效果和燃料脱硫效果。

生物质成型燃料根据其成型后的密度大小不同，分为高、中、低三种密度。低密度成型燃料的密度在700千克/立方米以下，中密度成型燃料的密度在700~1 100千克/立方米之间，而高密度成型燃料的密度则高于1 100千克/立方米，我们可以根据不同的情况选择密度不同的生物质成型燃料代替煤炭或者与煤炭一起混合燃烧。

由于江苏产业经济发展迅速，在工业化与城镇化过程中需要消耗大量的燃料，但燃料成本和环境成本在日益上涨，故而江苏省将生物质成型燃料代替工业用的燃料，减少了成本支出，也为二氧化碳减排做出贡献。

江苏省钢铁产业、汽车制造业、陶瓷制作、有机化学以及有色金属生产较为发达，共有工业锅炉1万台左右，年煤炭消耗量约为1 700万吨，如果使用生物质成型燃料对燃煤进行置换，则可以减少对煤炭的依赖，促进了相关产业的绿色节能发展。

（1）生物质成型燃料在钢铁产业的应用

江苏省是钢铁生产大省，每年消耗了大量的煤炭，消耗量在600万吨左右。但如果将生物质成型燃料应用于钢铁产业，按照节省10%的比例，就江苏省的钢铁产业规模而言，每年大约可以减少10亿元的成本投入。

（2）生物质成型燃料在陶瓷产业的应用

江苏省的陶瓷产业每年的煤炭资源消耗高达400多万吨，如果将生物质成型燃料应用于陶瓷产业，在很大程度上能够减少其煤炭使用量。按照节省10%的比例，每年就江苏省的陶瓷产业规模而言，生物质成型燃料的应用可以为其减少大约7亿元的成本投入。

（3）生物质成型燃料在玻璃产业的应用

江苏省的玻璃产业规模巨大，包括建筑用玻璃、汽车用玻璃、船舶玻璃等，在这样的情况下，江苏省每年消耗的煤炭资源高达600多万吨。按照节省10%的比例，就江苏省的玻璃产业规模而言，每年大约可以减少10亿元的成本投入。可见生物质成型燃料在玻璃产业中的应用对其绿色节能生产有着深远的影响。

11. 燃煤电厂生物质掺烧

生物质不仅在直燃发电中起到重大作用，而且可以参与到燃煤电厂的生产中。我们发现，如果在燃煤电厂中掺烧生物质，不仅可以节省化石燃料的使用，还可以降低发电过程中二氧化碳的排放，解决当地秸秆等农林废弃物问题的同时，还能为当地的农民带来额外收入，调动农民的积极性，具有良好的社会效益和经济效益（图4-12）。

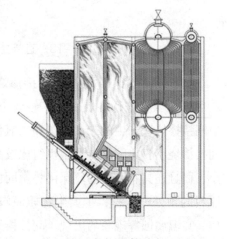

图4-12　生物质掺烧的系统图

与其他生物质发电技术相比，生物质掺烧发电技术的成本投入和年运行费用最低。通过生物质掺烧混燃，可以直接利用发电厂的现有高参数锅炉，提高其发电效率，在一定程度上降低生物质燃料的使用成本。

生物质掺烧技术非常灵活，从能源替代的角度看，生物质掺烧比例应该是越高越好，但限于燃烧稳定性和环保的要求，需保持合理的掺烧比例。生物质掺烧混燃的发电技术不仅积极响应了国家政策的号召，为碳减排提供了一种切实可行的解决方案，而且减少了煤炭消耗，同时还解决了农林废弃物的问题。

（1）生物质掺烧技术的分类

常见的生物质掺烧技术可以分为直接掺烧和间接掺烧两种。

① 直接掺烧。生物质的直接掺烧指的是生物质经过预处理之后，直接输送至锅炉燃烧室的利用方式。生物质可以在预处理的过程中提前与煤炭混合，也可以和煤炭分别处理。前者简单易行，投资较少，可充分利用发电厂原有的设备，而后者需要安装生物质燃料管道和控制系统（图4-13）。

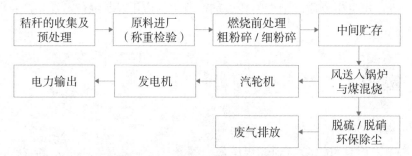

图4-13　直接掺烧发电工艺流程图

② 间接掺烧。生物质的间接掺烧首先要将生物质气化，转化成合成气之后再与煤炭进行混燃发电。经研究表明，在相同发电量的基础上，生物质间接掺烧所产生的二氧化碳和二氧化硫要比直接掺烧的少，故而生物质的间接掺烧不仅能够保持大型机组比较高的发电效率，对原锅炉造成的影响很小，而且还具有一定的环保优势。同样，间接掺烧可以采用气化的方式简化原料的预处理过程，扩大生物质原料的来源，避免生物质进入锅炉造成结焦、高温腐蚀等现象的出现。间接掺烧技术的适应性强、效率高，是未来生物质能源利用技术发展的方向。

（2）燃煤电厂生物质掺烧需要解决的问题

① 燃烧器喷口结焦、烧损。生物质掺烧的过程中会因为生物质燃料易于着火的特性造成着火提前，最终导致燃烧器喷口结焦或者燃烧器烧损的情况发生。

② 受热面结焦、腐蚀。当煤炭和生物质掺烧的时候，烟气的灰熔点会因为生物质燃料灰分中较高的碱性成分而降低，从而增加了受热面结焦的可能。而且较高的碱性成分会腐蚀锅炉的受热面，造成设备的损坏。

③ 催化剂活性降低。如果生物质燃料灰分中的碱性成分与脱硝催化剂表面接触，能够直接与活性位发生作用，使得催化剂钝化，降低催化剂的活性。

④ 生物质燃料的储存和运输。我国的农业生产以家庭承包为主，各家各户之间的统筹性比较差，秸秆资源比较分散，不太容易实现大规模机械化的秸秆收集工作。就秸秆的储存而言，因为其易燃、易腐烂的特性而导致其不易储存。除了储存之外，由于秸秆膨松、体积庞大、装卸困难，导致秸秆的人工成本和运输成本很高。

⑤ 系统堵塞。生物质掺烧的过程中，由于生物质属于韧性的纤维质材料，可磨性很差，所以容易造成输煤系统和制粉系统的堵塞。

（3）燃煤电厂生物质掺烧的效益

① 降低污染物排放。生物质燃料是一种清洁能源，从其成分上来说，由于固定碳和硫的含量远低于燃煤，如果在燃煤过程中掺烧生物质，可以减少发电过程中由于煤炭燃烧而产生的二氧化碳和二氧化硫。所以，燃煤电厂生物质掺烧在提高整个电厂的环保指标同时，降低了电厂进行脱硫脱硝的成本。

② 减少粉尘的排放。与传统化石燃料煤炭相比，生物质燃料的灰分仅为煤炭的1/5，所以燃煤电厂掺烧生物质可以减少烟气中的粉尘含量，进而减轻空气污染。

③ 改善煤炭的燃烧性能。生物质燃料由于其挥发分高，易于燃烧，并且其燃烧过程在煤炭燃烧之前，所以可以明显地改善煤炭的着火性能，获得更好的燃尽特性。

12. 生物质气化与燃煤火电联合运行

我国生物质的资源总量巨大，而煤炭发电在我国的电力供应中仍旧处于主导地位，如果能够将两者进行结合，推动生物质资源化应用，建设清洁低碳、安全高效的现代能源体系，将为我国的电力供应、环境保护打开不一样的局面。

生物质气化是在一定的热力学条件下，借助于空气（或者氧气）、水蒸气的作用，使生物质发生热解、氧化、还原重整反应，最终转化为一氧化碳、氢气和低分子烃类等可燃气体的过程。生物质气化的原料一般是废木材、柴薪、秸秆、果壳、木屑等，一般都是挥发分高、灰分少、易裂解的生物质废弃物。

生物质气化与燃煤火电联合运行技术就是生物质与煤炭间接掺烧的一种新技术，它指的是在燃煤电站的基础上增加生物质气化设备，将生物质原料进行气化，气化后得到的燃气经过专用燃烧器进入炉膛燃烧。

这种生物质气化与燃煤火电联合运行的方式通用性较好，对原燃煤系统的影响较小。该发电技术利用的是燃煤电厂原有的锅炉、汽轮机及辅助系统，只是添加了生物质燃料处理系统，改动少，因此投入的成本也比较低。这样的发电技术与生物质直燃发电方式相比，在投资方面、环保要求和操作运行等方面都具有很大优势，相信生物质气化发电将是今后生物质资源化应用的重点发展方向（图4-14）。

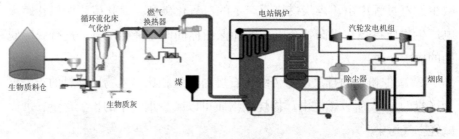

图4-14 生物质气化与燃煤火电联合运行图

以湖北省荆门市国电长源热电厂为例。该热电厂目前已建成处理量为8吨/时的生物质气化装置，以热燃气的方式接入电厂锅炉，每年大约消耗5万吨生物质。该电厂实现在线监测燃气流量、热值、燃气温度和电站锅炉的发电效率，单独核算其生物质的发电部分符合我国国情，并且得到了湖北省发改委和相关电网公司的核准，采取以生物质发电的补贴电价0.75元/千瓦时的价格单独结算生物质发电所产生的电费。目前，该电厂效益状况良好。

第五章

科技引领

—— 未来能源

1. 高安全性的第三/第四代核电技术

党的十九大报告提出"加快生态文明体制改革，建设美丽中国"和"推进能源生产和消费革命，构建清洁低碳、安全高效的能源体系"。核能是一种能量密度高、洁净、低碳的能源，不仅是保障国家能源安全、促进节能减排的重要手段，在全球能源的发展变革进程中具有不可或缺的重要地位，而且核能技术的发展水平更能体现国家科技发展水平和综合竞争实力。目前，核电在我国电力结构中的占比仍处于较低的水平，因此有必要适度发展核电。

（1）什么是核电技术

核电技术，指的是一种利用核裂变或者核聚变反应所释放的能量进行发电的技术。由于尚存的技术障碍，核聚变还未实现商用和民用，所以目前所有核电站所利用的发电技术都是核裂变技术（图5-1）。

铀，是核裂变的原料，并且在地壳中的含量很高，比汞、铋、银要高得多。核裂变燃料的能量密度是化石燃料的

图5-1 核裂变原理示意图

几百万倍，在相同的发电量下，核裂变原材料的使用量要远远低于化石能源的使用量。此外，核能发电还是重要的非碳能源发电技术，也是世界上应对气候变暖的主要替代能源。因此，核能发电是目前最具有商业价值的新能源应用，法国的核能发电量占其总发电量的80%以上。

核电站的核裂变反应堆类比于传统火力发电站的锅炉，核燃料在核反应堆中发生特殊形式的"燃烧"而产生热量，加热水，产生蒸汽，蒸汽推动汽轮机发电。

核电站被分为核岛和常规岛两大部分。核岛指的是有关核反应堆的系

统和设备，常规岛指的是常规的发电系统和设备。核岛是核电站安全性的关键所在，常规岛则是核电站热经济性的关键所在。

除了发电效率等热经济性指标之外，核电站的安全性是重中之重，特别是当世界上发生了美国三里岛、苏联切尔诺贝利以及日本福岛等惨痛的核电站安全事故之后，核电站安全技术成为举世关注的问题。

（2）核电技术的发展

从20世纪五六十年代开始，核电技术的发展已经经历了四代。最初建设的验证性核电站被称为第一代核发电技术，20世纪七八十年代标准化、系列化、批量建设的核电站被称为第二代，目前核发电的主力机组仍是第二代核电站。下面我们重点介绍高安全性的第三代、第四代核电技术。

第三代核电技术。吸收了第二代核电技术的经验，核反应堆的安全性得到进一步提升。在对第三代核发电的安全技术提升后，核反应堆在任何复杂情况下发生堆芯熔化严重事故的概率降至10^{-5}。当严重事故发生的时候，核电站能够保证良好的封闭性能和及时冷却堆芯以降低和限制放射性释放的可能性，并且能够更好应对比如地震、水灾等外部侵袭。

目前，世界上第三代反应堆的供应国有法国、美国、俄罗斯、日本、韩国和中国。

美国西屋电气公司设计的三代核电堆型AP1000是第三代核电技术中最具有代表性之一的机组（图5-2），AP1000是Advanced Passive PWR（先进压水反应堆）的简称，1 000为其功率水平（百万千瓦级）。AP1000为单堆布置两环路机组，电功率1 250兆瓦，设计寿命为60年，主要安全系统采用非能动设计，布置在安全壳内，安全壳为双层结构，外层为预应力混凝土，内层为钢板结构，多个千吨级水箱布置在反应堆上方，一旦遭遇紧急情况，仅靠地球引力、物质重力就可以驱动核电厂的安全系统。

中国是推动三代核电发展的主要国家之一。在我国30余年核电科研、设计、制造、建设和运行经验的基础上，由中国核工业集团公司和中国广核集团两大核电企业共同研发的先进的百万千瓦级压水堆核电技术"华龙一号"（图5-3）正是中国三代核电技术的代表。"华龙一号"根据福岛核事故经验反馈，采用国际最高安全标准，充分借鉴国际三代核电技术先进理念，提出"能动和非能动相结合"的安全设计理念，采用177个燃料组件的

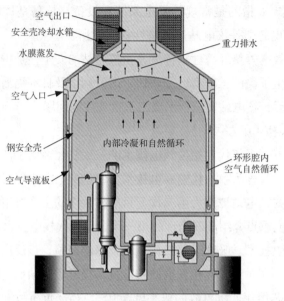

空气出口
安全壳冷却水箱
水膜蒸发
重力排水
空气入口
钢安全壳
内部冷凝和自然循环
环形腔内
空气自然循环
空气导流板

图5-2　AP1000结构示意图

反应堆堆芯，多重冗余的安全系统，双层安全壳，设置了完善的严重事故预防和缓解措施，其安全指标和技术性能达到了国际三代核电技术的先进水平。此外，具有完整自主知识产权的"华龙一号"有望担负起我国从核电大国迈向核电强国和核电"走出去"，参与国际竞标条件的重任。

图5-3　"华龙一号"穹顶吊装

　　第四代核电技术。该技术指的是待开发的核发电技术，其主要特征是具有更好的安全性、经济竞争力，核废物量少，可有效地防止核扩散。第四代核电技术体现了先进的核能发展趋势，并且走在了核电技术的最前沿。

　　为推进新一代核能系统的研究和开发，阿根廷、巴西、加拿大、中国、欧洲原子能共同体、法国、日本、韩国、俄罗斯、南非、瑞典、英国和美国联合建立了第四代反应堆国际论坛。2002年9月19日至20日，该论坛在东京召开的GIF会议上，一致同意开发六种第四代核电站概念堆系统，它们分别是气冷快堆、铅合金液态金属冷却快堆、熔盐反应堆、液态钠冷却快堆、超临界水冷堆和超高温反应堆。

山东荣成石岛湾高温气冷堆核电站项目在2011年3月初正式启动，这是我国第一座高温气冷堆商业化示范电站，是我国第一座拥有自主知识产权的第四代核发电技术的高温气冷堆示范电站。

2. 太阳能光热利用

太阳能热水器是太阳能光热利用中范围最广、技术最成熟、经济性最好的一种太阳能应用技术。在第二章中我们已经介绍了部分太阳能集热器的原理（图5-4），我们将在下面的片段中补充介绍太阳能集热器的应用。

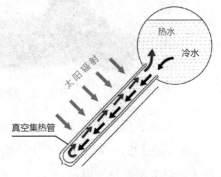

图5-4 太阳能热水器集热原理示意图

（1）真空管式太阳能集热器

常见的真空管式太阳能集热器利用真空集热管将太阳能转化为热能，将水加热到高温，并利用热水上浮、冷水下沉的原理，使水在集热管和水箱之间微循环而得到所需热水。

但是，由于真空管式太阳能集热器承压能力低，水温常压下最多只有100℃，因而只能应用在日常生活中。如果我们想大规模，更高效地利用太阳能光热资源，将其应用在发电和工业生产中，就得使用槽式、塔式、碟式和线性菲涅尔式等承压能力强，水温上限高的中、高温太阳能集热器。

（2）槽式太阳能集热器

槽式太阳能集热器，又被称为槽式抛物面聚光太阳能集热器。它利用槽型抛物面聚焦太阳直射光，汇聚的辐射能加热真空集热管里的介质。槽式太阳能集热器根据介质的不同，可使换热介质达到一定温度以满足不同负载的需求，可应用于热发电、海水淡化处理、供暖工程、吸收式制冷等领域。

槽式太阳能集热器分内、外管，内管为加热介质流动的金属管，外管为玻璃管，两者之间抽真空抑制对流和减少传导热损失。通过槽式太阳能集热器进行的太阳能光热发电是最早实现商业化的太阳能光热发电系统（图5-5）。

图5-5　槽式太阳能集热器

1973年，墨西哥建成了槽式太阳能集热和地热联合循环的100兆瓦发电站。而后在1981—1991年，美国相继建成了9座353.8兆瓦的SEGS槽式导热油无储热太阳能热发电站。

（3）塔式太阳能集热器

塔式太阳能集热器是在空旷的地面上建立一个高大的中央吸收塔，塔顶上安装固定一个吸收器，塔的周围安装一定数量的定日镜，通过定日镜将太阳光聚集到塔顶接收器的腔体内，产生高温，再加热吸收器的水，产生高温蒸汽，蒸汽推动汽轮机进行发电（图5-6）。太阳能塔式发电的传热工质也可以是空气、导热油或熔盐等。塔式太阳能集热器的聚光比可以达到300~1 500，运行温度可

图5-6　塔式太阳能光热发电站

达1 500℃，总效率在15%以上。

（4）碟式太阳能集热器

碟式太阳能集热器利用抛物面聚焦的原理，借助定日跟踪系统，各抛物型碟式镜面将太阳辐射能聚焦反射到位于其焦点位置的吸热器上，这部分辐射能被工质吸收后转化为热能被直接利用，或者推动位于吸热器上的热电转换装置完成发电，实现热能与电能的转化（图5-7）。

碟式太阳能集热器是世界上最早出现的太阳能发电系统所用的集热器类型。单个碟式系统发电装置的容量范围在5~25千瓦，可以用氦气、氢气或者空气做工质，工作温度达800℃，效率达29.4%，在太阳能光热发电的应用中最高，既可单独供电，也可并网发电，使用十分灵活。

2007年，西班牙建设了7台11.2千瓦碟式太阳能发电站。2010年，美国建设了60台25千瓦，共计1.5兆瓦的示范碟式太阳能发电站，但是碟式太阳能热发电系统还处在试验阶段，规模小，成本高，难以实现大规模并网发电。

图5-7 碟式太阳能集热器

（5）线性菲涅尔式太阳能集热器

线性菲涅尔式太阳能集热器又称弗雷内尔集热器，利用"线性菲涅尔"一次反射聚光器阵列，把太阳光反射到二次双抛物面反射镜（CPC），再汇聚到真空集热管加热工质水，水受热后形成高温高压的蒸汽，驱动汽轮机发电。与槽式太阳能集热器反射技术有所不同的是，线性菲涅尔式太阳能集热器的镜面布置无须保持抛物面形状，离散的镜面可处在同一水平面上。同时为了提高聚光比，得到较高的运行效率，会在集热管的顶部安装有二次反射镜，二次反射镜和集热管共同构成集热装置（图5-8）。

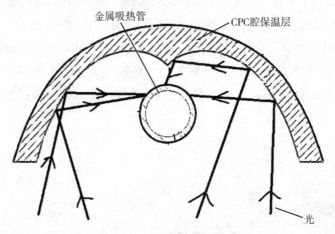

图5-8　线性菲涅尔式太阳能集热器结构示意图

线性菲涅尔式太阳能集热系统可用于太阳能光热发电、太阳能与传统化石能源耦合发电、太阳能与生物质能耦合发电，广泛应用在集中供暖、纺织、印染、烟草、造纸、海水淡化、食品加工等工业和民生领域。

2008年10月，美国AREVA太阳能公司建成了世界上第一个商业化的线性菲涅尔式太阳能系统。该系统能产生25兆瓦的热能，驱动邻近电厂的蒸汽轮机产生5兆瓦的电力（图5-9）。截至2016年4月底，国外已建成的线性菲涅尔式电站总装机容量为172.65兆瓦，在建的线性菲涅尔式电站总装机容量为125兆瓦，规划中的线性菲涅尔式电站总装机容量为6兆瓦。

图5-9　线性菲涅尔式太阳能集热器

3. 染料敏化太阳能电池

市面上出售的太阳能电池绝大部分是硅基电池，比如单晶硅太阳能电池、多晶硅太阳能电池，但是硅基电池的制作需要用到高纯度的硅单质，自然界中不存在硅单质，制造这样高纯度的硅单质需要消耗大量的能量。所以，除了硅基电池之外，人们又相继发展了有机太阳能、聚合物太阳能、染料敏化太阳能等太阳能电池。

其中，低成本、易制造、绿色无污染的染料敏化太阳能电池备受关注。染料敏化太阳能电池具有一个纳米晶半导体氧化物薄膜电极作为光阳极，通常为TiO_2，在纳米晶表面覆着一层染料分子、一个铂对电极和充满了整个光阳极多孔结构的电解质，故而这样的电池也被称为染料敏化二氧化钛纳米薄膜光阳极的光伏打电池（图5-10）。

当太阳光照射染料敏化太阳能电池的时候，该电池的染料分子吸收光子并从基态跃迁到激发态，激发态的染料分子将电子注入半导体的导带中，经过扩散通过TiO_2组成的多孔膜进入光阳极导电膜，同时留下氧化状态的染料分子。进入光阳极导电膜的电子被输运到外电路，经过反电极的导电膜回到电解质中，从而形成电流，同时被留下的氧化状态的染料分子会在电解质的作用下还原至基态，从而完成循环利用。

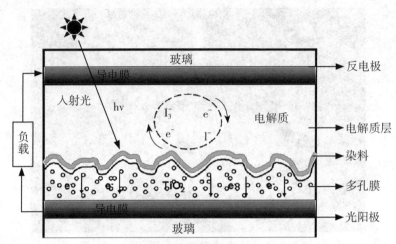

图5-10　染料敏化电池结构示意图

染料敏化太阳能电池在上述的过程中以低成本的纳米二氧化钛和光敏染料作为主要原料，利用太阳能产生光化学反应，完成了太阳能到电能的转化。染料敏化太阳能电池与传统太阳能电池相比，生产成本低，仅为硅太阳能电池的1/10~1/5，使用寿命长达10~20年，结构简单，生产工艺简单，易于大规模工业化生产，绿色无毒无污染。短短十几年，染料敏化太阳能电池便取得了很大的发展。

但染料敏化太阳能电池的推广仍然存在着诸多限制因素，其主要限制因素就是其不足15%的光电转化效率。不仅如此，其发电过程中由于纳米颗粒间的结构不均匀，颗粒间连接处存在缺陷而导致的较低的电荷迁移率同样也限制着该太阳能电池的市场广泛推广。目前，许多科学工作者正在通过改变TiO$_2$的物理状态，比如添加石墨烯等催化物质的方式攻克这方面的难题。

4. 洁净煤技术的必要性

国家统计局数据显示，2016年我国能源消费总量为435 818.63万吨标准煤，其中煤炭消费总量为270 320万吨标准煤。可见，中国是一个煤炭能源消耗大国。

以煤为主的能源消费格局是由我国的资源禀赋决定的。截至2016年，我国已探明的煤炭储量为2 492.3亿吨，石油储量为35亿吨，天然气为54 365.5亿立方米，呈现典型的"缺油、少气、富煤"的矿藏结构。

一方面，煤炭是典型的高碳能源，实现高碳能源的清洁高效利用对我国具有重要的战略意义；另一方面，我国以煤炭为主的能源消费格局很难在短时间内发生改变，研究和发展洁净煤发电技术，提高燃煤效率，减少污染物排放，成了建设美丽中国的必然选择。

（1）洁净煤技术的发展

洁净煤技术是指基于煤炭气化技术，从原煤气化物中分离化学品和粗煤气，将净化后的粗煤气作为燃料使用的技术。其与传统的煤炭燃烧相比更清洁，燃烧效率和资源利用率也都得到了提高。

1986年3月美国提出洁净煤技术的概念，并率先推出"洁净煤技术示范计划"，简称CCTP，该技术一经推出便受到世界各国的广泛关注。美国提出的洁净煤计划的研究重点在于先进的发电系统及发电污染控制，通过改变煤气化工艺和技术来提高煤炭的资源化利用水平，减少污染物以及温室气体排放。

我国的洁净煤技术起步比较晚，但是我国的洁净煤技术却取得了显著的成绩，与美国不同，我国洁净煤技术的研究方向主要在煤炭的洗选加工、液化、气化等方面，形成了由洁净开采、洁净燃烧、煤化工、煤转油等技术组合的完整的洁净煤产业技术。

（2）洁净煤技术的实际应用

我国为了进一步推动洁净煤技术的发展，促进煤炭的高效利用，国家发改委于2009年5月22日批准建设华能天津IGCC电站示范工程。

华能天津IGCC电站示范工程位于天津市滨海新区临港经济区，是我国第一台25万千瓦等级整体煤气化燃气—蒸汽联合循环（IGCC）发电机组。通过采用具有自主知识产权的两段式干煤粉气化炉，该发电机组的气化能力为2 000吨/天，燃机发电功率为171兆瓦，蒸汽轮机发电功率为94兆瓦，全厂总装机容量为265兆瓦，预计每年可提供约12亿千瓦·时的电能（图5-11）。

煤粉以干煤粉或水煤浆的方式喷入气化炉，在气化炉中与经过空分系统得出的纯氧发生燃烧反应，生成合成气，经过除尘、水洗、脱硫等净化处理后，输送到燃气轮机做功，产生的高温排气进入余热锅炉将给水加热，产生

图5-11　华能天津IGCC电站示范工程全貌

过热蒸汽驱动汽轮机发电。

IGCC与传统的燃煤技术相比，大幅度地降低了粉尘和二氧化硫的排放，其排放远低于国家标准水平，在脱硫系统的作用下，可将合成气中的单位二氧化硫排放量降低到低于1毫克/立方米的水平。不仅是二氧化硫，IGCC的氮氧化物的排放量也比较少，远低于常规燃煤机组，且耗水量只有常规发电站的1/3~1/2。除此之外，相比于普通煤电机组在燃烧后的烟气中捕捉低浓度的二氧化碳，IGCC是在化工环节捕捉高浓度的二氧化碳，属燃烧前捕捉，难度小，成本低。

正是由于具有高发电效率、低污染物排放、高碳捕捉能力，IGCC被公认为未来最具发展前景的洁净煤发电技术之一。

5. 不可或缺的氢能源

在世界的能源领域中，氢能是目前正在积极开发的一种二次能源。氢气与氧气混合燃烧后会释放大量热能，2个氢原子与1个氧原子相结合构成1个水分子，不产生任何污染物，甚至连二氧化碳都没有，氢能被公认为是未来最清洁的能源。由于氢能具有高效清洁的优点，许多学者都在其存储、运输以及氢内燃机与氢燃料电池技术等方面开展了研究。随着相关技术的发展，氢能有望成为21世纪最重要的清洁能源（图5-12）。

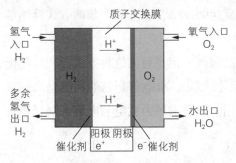

图5-12　氢燃料电池原理示意图

图5-13　氢能汽车正在充氢

（1）氢能的应用

国际氢能委员会发布的首份氢能源未来发展趋势调查报告声称，氢能源是能源结构转型的重要方式，经过大规模的普及推广，氢能预计在 2050 年之前大约将占整个能源消耗量的20%。氢能是清洁环保的能源，其发热值较高，大约为140 000千焦耳/千克，是除核燃料外发热值最高的燃料，大约是普通汽油发热值的3倍。综上所述，氢能是清洁环保、高效且可再生的新能源，完全满足人类终极理想能源的条件（图5-13）。

氢能的利用有两种方式：一是强化学反应的利用方式，如氢内燃机等；还有就是弱化学反应的利用方式，如耳熟能详的燃料电池等。氢燃料电池不会造成环境污染，运行安静，且发电效率可达50%以上。

氢能除了是清洁环保、高效且可再生的新能源之外，还是理想的能源互联媒介，它可以实现电力、热力、液体燃料等多种能源之间转化，被称为"能源互联网"中的重要纽带。而且它还是可大规模应用的储能介质，可实现电能或热能的长周期、大规模的存储，有利于缓解目前能源利用中普遍存在的"弃风""弃光""弃水"的问题。

（2）氢气的制取

氢气作为人类未来的理想能源，我国积极探索各种氢气制备、存储和应用技术。氢气的制取方法主要分为工业副产氢和水电解制氢两类。

工业副产氢包括石化冶炼、煤气化制氢、大量尾气回收等。通俗来讲这种氢气是工业上制取其他气体所产生的副产品。通过这样的方式制取的氢气产量比较大，但氢气的纯度并不高，如果一些场合对氢气浓度的要求比较

高，比如氢燃料电池需要的氢气纯度高达99.97%，工业副产氢的方式显然难以达到要求。

水电解制氢能够产生纯度非常高的氢气，但是目前这种方式的产氢量仍较低，只占了整个制氢行业的 5%。不仅如此，水电解制氢的耗电量大，成本相对较高，不易进行大规模推广应用。非并网风力发电与电解水制氢相结合的制氢方式在技术上并没有困难。

（3）氢气的储存

当我们将氢气制取出来后，可以用管道直接输送氢气，也可以将氢气储存起来通过交通网络输送到全国各地。因此，氢气的储存就十分重要。

一般而言，氢气的储存主要有气态储氢、液态储氢和固态储氢三种。其中固态储氢指的是利用可以吸附氢气的特殊金属进行储氢，固态氢化物的储氢量大、密度大、质量重。所以，固态氢化物目前只应用于军工、船舶、潜艇等特殊行业；液态储氢是日常生活中最常见的储氢方式，相比于气态储氢，其耗用空间小，储氢效率高，是目前氢能储存最好的办法。

2018年，江苏省如皋市的"氢能小镇"正式获批为江苏省第二批特色小镇，成为国内首家以氢能为特色的产业镇。目前，如皋市氢能产业涵盖了从制氢设备研制、制氢、加氢到氢燃料电池核心部件、动力总成和整车生产等环节。随着产业集聚效应的不断放大，越来越多的行业精英主动汇聚如皋，创业圆梦，安思卓新能源团队便是其中的一员。

安思卓如皋项目落户于江苏省如皋市经济技术开发区，致力于制储氢、加氢核心设备的技术研发及设备生产，覆盖了氢能源制备、储运和应用等核心环节。该公司目前有着最新研发的全世界最小的制、储、加氢一体机设备。该设备集成新能源制氢、增压、储存、加氢系统于一体，体积紧凑，既能充分满足国内市场的需求，又具备高度的国际领先性，填补了该领域国内市场的空白。

6. 形式多样的非常规天然气

采用天然气作为能源使用，会极大地减少氮氧化物、硫氧化物和粉尘的产生，有助于减少酸雨的形成，改善环境质量，是化石能源中最清洁的能源。

目前非常规天然气主要以煤层气、页岩气、水溶气、天然气水合物、无机气、浅层生物气及致密砂岩气等形式存在，由于其成因、成藏机理与常规天然气不同，开发难度较大。

从全球的天然气资源来看，非常规天然气资源丰富，多达4 000万亿立方米，是常规天然气的4.56倍，主要分布在加拿大、俄罗斯、美国、中国、拉美等国家和地区。同样，我国的非常规天然气资源的潜力也十分可观，总量约为常规天然气的5倍，以致密砂岩气为主，广泛分布在鄂尔多斯、四川、松辽、渤海湾、柴达木及准格尔盆地等地区。下面，我们主要介绍一下页岩气、致密砂岩气、煤层气这三种常见的非常规天然气能源。

（1）页岩气

美国是最早对页岩气资源进行研究和勘探开发的国家，由于其横向钻探页岩气开发技术的突破及管网设施的完善，美国的页岩气开发成本仅仅略高于常规天然气，所以美国成为唯一实现页岩气大规模商业开采的国家，且页岩气产量不断增长。美国在2009年首次超过俄罗斯而成为世界第一天然气生产国，逆转了美国天然气消费长期依赖进口的局面。

美国于2017年重新成为天然气净出口国，这也被称为美国的"页岩气革命"。这不仅改变了世界油气工业的版图，打破了国际油气贸易的原有格局，也改变了全球能源的供应格局。

通过美国的例子，我们能够清楚地意识到，页岩气的开发利用已然成为低碳经济战略的推动力，以及世界地缘政治格局结构性调整的催化剂。

我国的页岩气开发起步晚，是继美国、加拿大之后第三个形成天然气规模化生产的国家（图5-14）。全球的页岩气资源主要分布在北美、中亚、中国、拉美、中东、北非和俄罗斯。据

图5-14 中国第一口页岩气井

悉，我国页岩气的可开采储量超31.6万亿立方米，位居全球第一，未来的开采空间十分广阔。但目前我国的非常规天然气产业还处在快速发展阶段，仍然面临着重大的机遇与众多的挑战。

（2）致密砂岩气

致密砂岩气指的是覆压基质渗透率小于或等于0.1毫达西的砂岩气层。据2015年的油气资源统计，中亚太地区的致密砂岩气资源占了全球的致密砂岩气资源的39.5%，而我国的致密砂岩气主要集中分布在鄂尔多斯盆地、四川盆地、塔里木盆地及我国近海区域。

以苏里格气田为代表的致密气田，通过技术创新，已初步实现了致密砂岩气商业化、规模效益化的开发，展现了中国致密砂岩气开发的良好前景。随着含油气盆地地质认识程度的不断提高和致密砂岩气勘探开发技术的不断进步，我们发现海洋将是未来致密砂岩气勘探开发的重要领域，相信我国未来的致密砂岩气能够得到更加广泛地开发及应用。

（3）煤层气

煤层气俗称"瓦斯"，是近一二十年在国际上崛起的洁净、优质的能源和化工原料，它储存在煤层中，以甲烷为主要成分，是与煤炭伴生的一种矿产资源，属于非常规天然气的一种。其热值与天然气相当，可与天然气混输混用，且燃烧后很洁净。一方面，煤层气是威胁煤矿安全生产的灾害性气体和引起气候变暖的温室性气体，但同时它也是一种可替代天然气的高效、洁净能源。开发利用煤层气，对于充分利用洁净能源，改善煤矿安全生产条件，保护人类赖以生存的大气环境，具有"一举三得"的重大意义。

中国广泛分布含煤盆地，煤层含气量较高，资源丰富。资源评价结果显示，中国煤层气有利勘探面积约为37.5×10^4平方千米，地质资源量为36.8×10^{12}立方米，可采资源量10.9×10^{12}立方米。我国煤层气勘探开发经历了20多年的探索和发展，已初步建成沁水盆地和鄂尔多斯盆地东缘两大产业发展基地，全国主要的勘探投资也集中在这两大盆地。根据国土资源部油气储量办公室统计数据，到2014年为止，沁水盆地已探明储量$4\,686 \times 10^8$立方米，鄂尔多斯盆地东缘探明煤层气储量$1\,488 \times 10^8$立方米，形成2个千亿方大气田。

以沁水盆地为例，沁水盆地位于山西省东南部，是我国目前煤层气勘探和研究程度最高、产量最大的盆地。盆地内煤层气资源量丰富，资源规模仅次于鄂尔多斯盆地。2003年，沁水盆地高阶煤层气商业性开发取得突破，摆脱了国外高阶煤储层产气缺陷的定论。2014年，盆地煤层气产量就已经达到30亿立方米左右，约占当年全国的80%（图5-15）。

图5-15 沁水盆地的"磕头机"正在抽取煤层气

7. 储量巨大的可燃冰

近几年，我们常听到可燃冰的概念，但其实可燃冰并不是我们平时看到的冰，它是天然气水合物的俗称。气体分子在高压低温且存在烃类气源的条件下，会被水分子形成的小笼子"囚禁"起来（图5-16），而由于其外壳如冰一般，又具备可燃性，故而得名可燃冰。从外表上看，可燃冰大多呈现白色、淡黄色和琥珀色（图5-17）。

可燃冰的主要成分有水和甲烷，充分燃烧后只产生水和二氧化碳，清洁环保，被誉为"21世纪最理想的潜在替代能源"。可燃冰的开发利用是解决当前世界能源危机、防止环境污染的重要途径。

（1）可燃冰的特点

① 可燃冰分布范围广。可燃冰大多分布在深海，少量分布在陆地永久

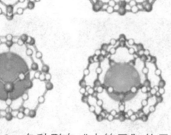

图5-16 各种形态"水笼子"的天
然气水合物模型

图5-17 可燃冰的形态

冻土带，如白令海、鄂霍次克海、冲绳海槽、中国南海、日本海、四国海
槽、南美东部陆缘、非洲西部陆缘、黑海和里海等区域。

② 可燃冰储量极其巨大。全球的可燃冰储量相当于1 000万亿立方米天
然气，仅海底的可燃冰储量就可以供全人类使用1 000年。据《2013年海域
天然气水合物勘探结果》表明，中国陆域远景可燃冰资源量至少350亿吨油
当量，南海可燃冰储量约为680亿吨油当量，可燃冰储量接近中国常规石油
储量，是中国常规天然气储量的2倍，可供中国使用135年。

③ 可燃冰热值高，燃烧利用高效、清洁。1单位体积的可燃冰在标准状
态下可以分解产生164单位体积的天然气。相同体积下，可燃冰燃烧所释放
的热量是固体酒精的106倍。

④ 可燃冰的使用非常便利。只需要通过升温减压的方式就可以将可燃
冰分解成甲烷等可燃气，而且可燃冰燃烧后的产物只有水与二氧化碳，相比
于石油、煤炭等化石燃料更加清洁。

（2）可燃冰的开采

可燃冰的主要开采方法有以下三种：

① 降压开采法。可以通过降低压力的方法将可燃冰分解成天然气，然
后进行开采。降低压力的方法有钻井降压、抽出天然气水合物储层下方游离
气体或其他流体等。降压开采的方法投入的成本小，简单易行，适合大规模
开采。

② 加热开采法。如果我们维持可燃冰的压力不变，可以通过注入热水、热蒸气等热流体、太阳能加热、微波加热等方式提升可燃冰的温度，将其分解成天然气，并进行收集而加以利用。但是，该方法存在天然气不易收集且效率低的问题。

③ 置换法。利用二氧化碳分子更易与水结合的原理，我们可以将二氧化碳注入可燃冰储层中，用二氧化碳置换出甲烷分子。该方法能够缓解温室效应，环保安全，但效率比较低，二氧化碳的储存利用存在一定的问题。

可燃冰的开发技术要求高、风险大，需要拥有系统性、高精度的地质勘探、地震勘察等技术。如果在可燃冰的开采过程中，设备缺乏、技术达不到标准，将极易导致工程地质灾害的发生和温室效应的加剧，带来海平面上升、海水温度上升、可燃冰分解、海底生态环境遭到破坏等问题。

2017年5月，我国实现了南海"神狐"海域天然气水合物试开采（图5-18），这无疑标志着中国成为世界上第一个在海域可燃冰试开采中连续稳定产气的国家。解决可燃冰的勘探、开采、利用过程中的难题，提高开采利用设备的核心技术，制定相关标准，是解决能源危机、环境问题的重要途径，也更有利于提高人类的生活发展水平，唱响新世纪的冰与火的长歌。

图5-18 中国南海"神狐"海域可燃冰试开采

8. 核聚变的无限魅力

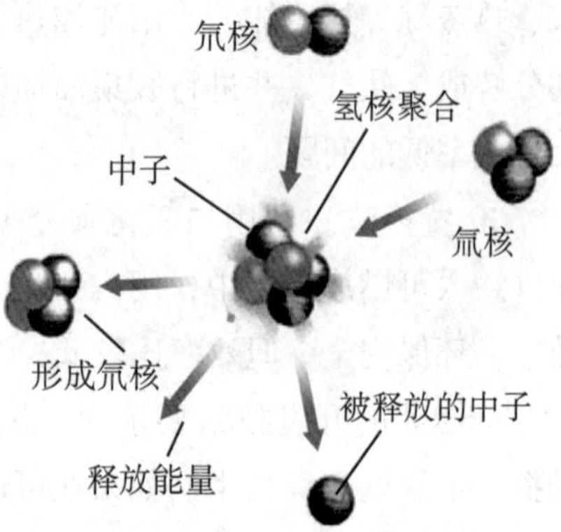

核裂变和核聚变是目前人类利用核能的主要方式，但是由于核聚变的技术要求更高，故而目前已投入商用的核电站采用的都是核裂变的方式。核聚变能够通过少量的原料反应产生巨大的能量（图5-19），极大程度地缓解能源危机，减少人类对化石燃料的依赖，减少环境污染。

图5-19　核聚变原理示意图

（1）核聚变的优势

① 核聚变原料广。核聚变的原料相比于核裂变的原料可谓是"取之不尽，用之不竭"。不仅如此，其能量密度更高。氘，是核聚变的原料之一，仅在海水中就有大约45万亿吨，且每0.03克氘经过核聚变所释放的能量相当于300升汽油燃烧所释放的能量。地球上所有的核聚变能可供人类使用100亿年以上，这将彻底解决人类社会所面临的能源问题。

② 核聚变对环境友好。与核裂变产物的放射性不同，核聚变反应不会产生高放射性、长衰变周期的核废料，避免了核能利用潜在的环境污染的问题。

（2）核聚变面临的难题

虽然核聚变的前景非常诱人可观，但是对其的利用存在着诸多难题，导致核聚变如果想实现大规模商业化应用，需要克服众多难关。

① 技术问题。磁约束聚变问题：先进托卡马克控制的可靠性和运行稳定性、ITER/DEMO等离子体条件下的等离子体与材料的相互作用、反应堆材料和部件受中子辐照、高温、高压、强磁场等协同作用。聚变堆建设需要结合众多顶尖技术主要涉及大型超导磁体技术、中能高流强加速器技术、连续、大功率微波技术、大型低温技术等。

② 其他资源的限制。在现有的技术背景下，最容易实现的核聚变是氘-氚聚变。其中氘的资源储量比较丰富，但氚却需要通过中子与锂-6反应得到，且需要不断地增殖中子，所以如锂、铅等中子增殖材料因其资源的有限

性从而限制了核聚变的发展。

③ 缺乏可承受极其高温、高压的技术。核聚变需要在极其高温、高压的条件下进行，比如氘-氚聚变就可达上亿摄氏度，目前根本没有容器可以承受这个温度，故而现在主要通过磁约束、惯性约束和重力约束等方式作为反应的"容器"，来约束反应。

④ 建造成本问题。由欧洲、美国、俄罗斯、中国、印度等合作建造的下一代输出能量为输入能量5倍以上，输出功率5亿瓦，电浆电流脉冲时长500秒的"国际热核聚变实验堆（ITER）"，现调试前总支出可能达到惊人的180亿欧元，如何降低建造成本，实现可控核聚变商业化应用，成为巨大挑战。

中国的可控核聚变研究开始于20世纪50年代，中国根据自身国情确认了磁约束聚变的发展路线，先后建造了30多台核聚变实验装置。其中自行设计建造了中国环流器一号（HL-1）、中国环流器新一号（HL-1M）、中国环流器二号A（HL-2A）、铜导体托卡马克装置（HT-6B、HT-6M）、先进超导托卡马克实验装置（EAST）等装置。

2015年，中国科大建成了中国首台反场箍缩磁约束聚变装置，达到磁感应强度7 000高斯，等离子体电流1兆安培，电子温度600万摄氏度，放电时间100毫秒。2017年，中科院合肥所在EAST装置实现100秒的稳态长脉小中高约束等离子体运行创造了世界纪录（图5-20）。2018年7月，实现了1亿度

图5-20　中国建造的世界首台全超导托卡马克装置

等离子体运行。可见中国的可控核聚变研究的成果显著，而且其中部分的研究成果领先世界其他国家。

9. 取之不尽的海洋能

海洋占了地球面积的71%，孕育了地球生命，而且蕴藏着各种丰富的能源，比如海流能、海洋温差能、大型热库热能等。我们人类在经历能源危机之后，将目光投向了海洋，而且海洋能大部分来自太阳辐射和月球引力作用，属于可再生清洁能源。

（1）波浪能发电

波浪能发电，指的是利用波浪的往复运动带动发电机发电，可分为传统型和试验型两类。

传统型采用旋转式电机，技术成熟，运行稳定，但是其利用率低。而试验型采用直线电机、飞轮电池等作为发电单元，利用率较高，但目前技术不成熟。

针对波浪能发电，目前普遍使用振荡水柱（OWC）波浪发电装置（图5-21）。波浪的起伏带动装置内水柱水面的上下浮动，当水柱水面上升时，气室内空气被压缩，空气离开气室，带动发电机发电；当水柱水面下降时，气室内空气膨胀，外界空气进入气室，带动发电机发电，也可通过进、出气阀或威尔士透平，控制空气单向流动，带动发电机发电。

我国的波浪能资源分布不均匀，全国沿岸每年的波浪能平均理论功率达12.843吉瓦。根据《海洋调查资料》和《船舶报资料》等相关资料可知，我国近海及毗邻海域的波浪能总功率为574太瓦，极其丰富。但是，波浪能功率密度低，如何在高效利用的同时降低开发成本成为目前有待解决的问题。

（2）潮汐能发电

潮汐能发电，指的是利用潮水涨落运动所形成的水位差，推动水轮发电机旋转发电。潮汐能发电可分为单库单向型、单库双向型、双库单向型（图5-22）。

我们以单库双向型为例分析潮汐能发电的过程。当海水涨潮的时候，海水的水位高于水库水位，海水从而进入水库，水流带动发电机旋转发电；而

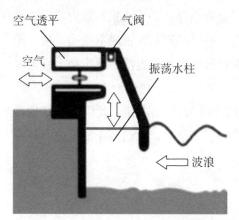

图5-21 波浪能OWC装置示意图

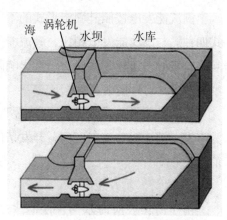

图5-22 潮汐能发电示意图

海水落潮的时候，海水的水位低于水库水位，这时候闸门打开，水库的水又开始流向大海，在流向大海的过程中带动发电机旋转发电。这样的运动往复循环，实现潮汐能到电能的转化。

我国的潮汐能资源可开发总装机容量为21 796兆瓦，年发电量为62亿千瓦时，主要集中在福建、浙江两省。与其他海洋能形式相比，潮汐能的能量密度较高、开发条件最好，不过在其开发应用的过程中存在着投资巨大、耗钢量大、发电不连续、易发生腐蚀等问题。

（3）潮流能发电

潮流能发电，与风能引起的波浪能不同，波浪能是通过海水与空气相互作用，将风动能转换为波浪的势能（偏离海平面的位势）和动能（水体运动，既有水平运动又有垂直运动），而潮流能发电是利用海水的往复水平运动动能带动水轮机发电，与风力发电相似。潮流能发电装置通常加装辅助导流罩，不仅提高水轮机的效率，还能减少对海洋生物的影响（图5-23）。

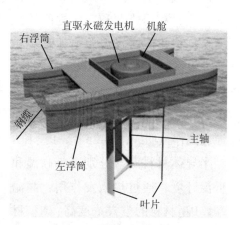

图5-23 潮流能利用示意图

潮流能发电按照其固定形式的不同分为漂浮式、系泊式、重力式和基桩式四种。与潮汐能发电相比，潮流能发电不需要投入大量成本建造大坝，而且水轮机的转速较为缓慢，不会影响附近海洋生物的生活，噪声小，最大限度地减少了对环境的影响。

据相关统计，我国潮流能资源平均功率为13.95吉瓦，其中以浙江省最为丰富。潮流能功率密度高，开发条件好，储量大，故而潮流能发电的开发前景较好。

（4）海洋温差发电

由于海洋表层海水与深层海水之间存在20~25℃的温差，故可以利用温差来发电（图5-24）。有两种方式：其一为有转动部件的方式，利用海洋表面的温海水加热工质使其汽化，推动涡轮机发电，再利用温度较低的深层海水进行冷凝，根据工质流程的不同，可分为开式、闭式和混合式三种。相比于机械能发电，由于热源热能品位较低，导致其效率比较低。不过在这个过程中可以生成淡水。其二为无转动部件的方式，利用热源和冷源之间的温度差，将热能通过温差电池直接转换为电能，供给负载，其中最核心的设备就是温差电池，它是利用热电材料的塞贝克效应，以温差电池原理图作说明（图5-25），P型和N型半导体材料两端分别置于高温和低温环境，通过热激发作用，高温端，P型材料的空穴浓度高，N型材料电子浓度高，空穴和电子通过浓度梯度驱动，分别从高温端扩散至

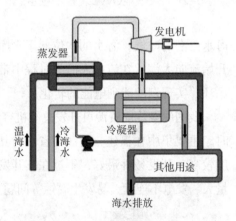

图5-24　海洋温差能利用示意图

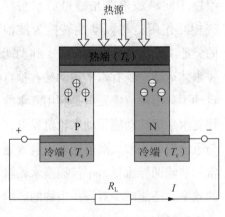

图5-25　温差电池原理图

低温段，形成电动势。

（5）海洋盐差发电

海洋盐差发电，一般指的是以海水与陆上淡水之间的化学电位差作为驱动力发电，主要应用于河海交界处。海洋盐差发电按照其发电方式的不同可以分为渗透压能法、浓淡电池法、蒸汽压能法等（图5-26）。

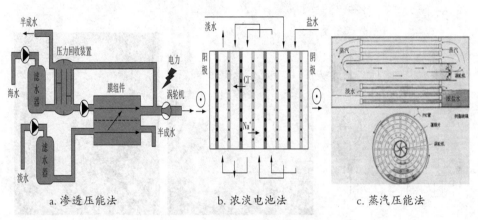

| a. 渗透压能法 | b. 浓淡电池法 | c. 蒸汽压能法 |

图5-26　海盐能利用示意图

渗透压能法，是指经过预处理的淡水和海水在渗透压力差的作用下，淡水通过半透膜向海水渗透，海水和淡水之间的盐差能可以转化为压力势能，而海水的体积开始膨胀，膨胀的体积推动发电机发电。浓淡电池法，即采用阴离子渗透膜和阳离子渗透膜，阴阳离子的定向渗透在溶液中产生电流，从而构成化学电池。蒸汽压能法，指的是在相同温度下，利用海水与淡水之间存在的蒸汽压差推动气流发电。

海洋的面积巨大，海洋能可谓是取之不尽，用之不竭，而且海洋能的形式丰富多样。总体而言，海洋能对缓解世界能源危机起到了举足轻重的作用。

10. 深层地热知多少

地热能涉及我们耳熟能详的各个领域，比如温泉洗浴、医疗、地热工业烘干、地源热泵、地热供暖、水产养殖，等等。目前我们大部分开发应用的地热能都属于浅层地热，开发难度比较低，利用方便，但是浅层地热会导致地下水过度开采、地面沉降等后果。

随着浅层地热越来越难以满足工业加工、电力等高附加值领域的需求，因此深层地热的勘探开发迫在眉睫。深层地热，指位于地下几千米的地热资源，具有稳定连续、利用系数高的优点。我国的地热资源潜力为11×10^6亿焦每年，占全球地热资源潜力的7.9%，其中深层地热资源极其丰富（图5-27）。

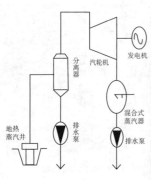
a. 地热蒸汽发电系统原理图

b. 地热温泉

c. 地热化工

图5-27　地热能的应用

我国西南部和东南部因分别受到印度洋板块和菲律宾板块的挤压，地质活动非常强烈。以干热岩为主的增强型地热系统，简称EGS，成为目前深层地热的研究重点。EGS向注入井注入水或其他工质，通过人工产生的连通缝隙带，与岩体进行换热，并返回地面，形成封闭循环。EGS的产热温度达150~350℃，转化效率高（图5-28）。

图5-28　EGS采热循环示意图

深层地热的发展前景十分可观，不过目前仍存在着巨大的困难和挑战。

① 地下热环境破坏。深层地热的开发过程中，低温地下水可能会流入开采层，降低热储层的温度，导致地热资源的损失，而且还会破坏地热系

统的化学平衡,故而需要在地热开发中建立可靠的预测系统化学反应的机制。

② 二次污染。深层地热的开发过程中仍然会产生一些比如盐污染的问题发生,这个时候需要我们在地热开发的过程中大力发展回灌技术,减少此类问题造成的影响。

③ 循环工质的替代。水是强离子溶剂,在高温条件下,水的循环会导致地下盐分溶解和重新形成,这样会造成流道的改变,进而导致裂隙渗透率和水的循环率发生改变,增加了系统的不确定性,所以我们在深层地热开发的过程中需要寻找更可靠的工质代替水。

④ 勘探与开发技术不成熟。以我国为例,地质情况复杂,且我国的地热田大多与断裂有关,断裂区的相对埋深较大,地震资料可靠度低,总体勘探水平较低,存在较大不确定性,花费代价大,所以需要发展可靠的勘探预测技术。

11. 太阳能空间发电站

浩瀚的宇宙充满了来自各个方向的射线,其中最常见而且对我们人类的影响最大的就是来自太阳的射线,我们也称其为太阳能。

而对于太阳能的利用,从最初的晾晒取暖到如今的太阳能发电及热利用、宇宙航行中太阳能电池板将宇宙射线作为能源使用,贯穿了人类的发展历史。但因受到天气、昼夜、季节的变化,对被大气层吸收后的太阳能在太阳能发电的应用中造成的影响较大,而且占地面积、日常维护也对太阳能发电造成了一定程度的影响。因此,人类一直在思考能否将太阳能电池发送到太空中,在太空中直接接收太阳发出的射线,并转化为电能,然后发送回地球上以满足人类生产、生活的用电需求。所以太阳能空间发电站的概念就这么诞生了。

1968年,美国人格雷瑟率先提出了太阳能空间发电站的想法:利用火箭将太阳能电池发送至离地22 000~26 000千米的地球同步轨道上,形成太阳能空间发电站(图5-29)。太阳能板在太空中接受太阳24小时的直接光照,大量的太阳能被吸收后转化为丰富的电能,而电能又转化为如微波、激

光这类可直接传输的能
量传输到地面，再转化
为电能供人类使用（图
5-30）。不过激光与微
波相比，激光能量大，
不易发散，适合这样远
距离的能量传输。

图5-29　太阳能空间发电站

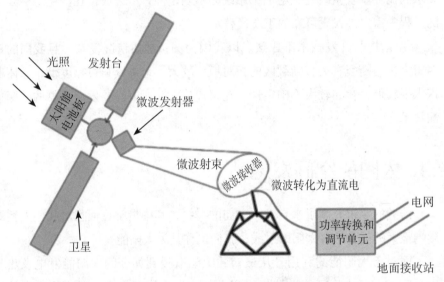

图5-30　太阳能空间发电原理示意图

　　不过，目前太阳能空间站的想法如果要投入研发和生产，需要解决以下
几个方面的难题：

　　① 太阳能空间发电站的运送建造。能够将太阳能空间发电站直接送上
地球同步轨道的大推力、可重复使用的火箭仍处于发展阶段，太阳能空间发
电站的运送建造尚处于试验阶段。

　　② 太阳能电池效率较低。目前非晶硅薄膜太阳能电池的效率比较低，
仅为10%~15%，而且恶劣的太空环境对太阳能电池提出了新要求，即在低温
环境下保证其使用效率。

　　③ 电能的传输阶段。按照设想，如果采用微波传输的方式，就需要有

发射和接收装置，能够满足能量转化率高、体积小、质量轻、寿命长的要求，充分利用产生的电能，持久稳定地工作。从安全性考虑，要求发射和接收设备精度足够高。但是，该技术仍处于研究阶段，就连该技术发展最先进的日本在2015年太空光伏发电微波无线输电的实验中，通过微波传输的电能传输距离也仅有55米。

④ 太阳能空间发电站的建造成本。地球同步轨道上的太阳能强度为地球表面的2倍，日照时间是地面的4~5倍，所以太阳能空间发电站的发电量为地面的8~10倍。目前世界上100万千瓦级别的日本太空太阳能发电站的核算成本为2.4万亿日元，如果以30年寿命计算，则每千瓦时成本约为23日元，是火电、核电的2倍。因此，如何控制成本、保持良好的经济效益也是发展太阳能空间发电站需要解决的巨大难题。

⑤ 装配和日常维护工作。太阳能空间发电站位于太空，其装配和日常维护工作不可能由人力完成。如何自动化地完成建造发电站所需的装配和日常维护，也困扰着我们。

不过，随着各项技术的不断进步，相信在不久的将来，人类脑海中的这棵"电能之树"将会在太空中生根发芽，造福人类。

12. 人工光合作用

人类目前使用的能源基本上直接或间接来自太阳能，太阳能也被誉为"能源之母"。其实在我们的身边，大自然早就给予我们获取太阳能的启示，那就是光合作用。

光合作用（图5-31）经过几十亿年的演变，成为大自然中最有效获取太阳能的手段。光合作用具有非常优良的结构功能特性和较高的能量转化效率。植物、藻类和某些细菌在可见光照射下，将二氧化碳和水（细菌为硫化氢和水）转化为有机物并释放出氧气（细菌为氢气）。这种在自然界中自然发生的光合作用，我们称其为自然光合作用。

如果我们人类想要实现类似于自然光合作用的效果，高效地将太阳能为我们人类所使用，那么这里就不得不说20世纪80年代所提出来的人工光合作用的概念。人工光合作用就是模拟自然光合作用，用光能分解水，制造氢气

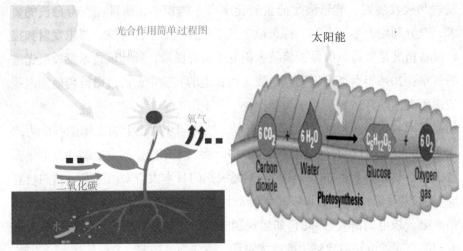

图5-31　光合作用示意图

或者固定二氧化碳来制造有机物的技术。

（1）光解水制造氢气

众所周知，氢气是高效、无污染的可再生能源。而且氢气中储存的能量非常大，每千克氢气中的能量是传统汽油的2.5倍。目前工业上主要依赖于电解水和热化学的方式制氢，但是这些制氢的方法都伴随着大量能源的消耗。

从太阳能利用角度看，光解水制氢主要是利用太阳能中的光能而不是它的热能，也就是说，光解水过程中首先应考虑尽可能利用阳光辐射中的紫外线和可见光部分。但是水对于紫外线和可见光是透明的，并不能直接吸收太阳光能。因此，想用光裂解水就必须使用光催化材料。科学家们往水中加入一些半导体光催化材料，通过这些物质吸收太阳光能并有效地传给水分子，使水发生光解。以二氧化碳钛半导体光催化材料为例，当太阳光照射二氧化钛时，其价带上的电子就会受激发跃迁至导带，同时在价带上产生相应的空穴，形成了电子空穴对。产生的电子、空穴在内部电场作用下分离并迁移到粒子表面。水在这种电子-空穴对的作用下发生电离生成氢气和氧气。

美国科学家丹尼尔·诺切拉提出使用不太昂贵的镍钼锌化合物作为光催化剂，设计"人造树叶"（图5-32），不仅降低了制造成本，而且大大地提高了催化效率。通过这样的方式可以将水光解为氢气和氧气并注入燃料电池使用，其效率竟然是自然光合作用的10倍。

（2）固定二氧化碳制造有机物

自然光合作用通过固定二氧化碳而生成有机物，因此人工光合作用也可以将其作为目的开展工作，得到如甲醇等可再生的生物能源。通过这样的方式，能够降低大气中二氧化碳的含量，缓解目前的温室效应。

图5-32　"人造树叶"与人类社会

我们可以人工建立体外化学模拟装置和直接利用生物进行光合作用达到上述目的，就体外化学模拟技术而言，目前仍存在着以下难题：

① 结构复杂，而且涉及较多生物物质，需满足足够的生物相容性。

② 固定二氧化碳而生成有机物过程中的反应复杂繁多，而且反应器比较微小，需要解决如何有效设计、如何加工、如何充分满足如酸碱度、温度等问题。

③ 反应的原料能否合成，生成的产物能否提取，以及体外反应是否稳定。如果直接利用生物进行光合作用，转化效率低，而且光线过强，则光合作用就会停滞甚至停止，故而可以通过基因改造来提高整个过程中的效率，并可引导生成产物。

据相关报道，日本大学生物资源科学系教授奥忠武及其领导的研究小组发现，如果将海苔中陆生植物缺失的蛋白质基因植入南芥体内，南芥的高度将会增加1.3~1.5倍，经光合作用所吸收的二氧化碳含量增加30%，所产生的淀粉量提高20%，有效地提升了效率。不过，基因改造的方式难以控制，存在基因变异的可能，而且成本高昂。

第 六 章

高效清洁

—— 智慧服务

1. 电能的输送

电，是现代社会的重要支柱，难以想象如果失去电，世界将会变成什么样。

目前，电能的消耗主要分为两大类：生活用电和生产用电。生活用电十分常见，比如我们家里的电灯、电视、冰箱、空调等诸多电器的使用都依赖于电能，而像农业、工业和第三产业生产中需要消耗电力，特别是冶金、水泥、石化、纺织等高耗能行业更是消耗了大量的电力，这类用电则是生产用电。

我们建造了各种各样的利用不同类型能源的发电站，比如燃煤火电厂是将把煤炭能源中的化学能转化成了电能；核能发电站是将原子能转化成了电能；水力发电站将水能转化为电能，还有太阳能发电站、风力发电站等。那么，当发电站生产了电能之后，它们又是通过什么方式被送入分布在各地的电力用户呢？答案就是电网。

电网，是一种连接电力供应端与电力消费端的能够传输电能的系统。电网可分为输电网和配电网，其中输电网指的是由发电站到配电系统之间传输电能的系统，其电压等级较高；而配电网则指的是由配电变压器到用户端之间传输电能的系统，其电压等级相对较低。如图6-1所示，电网将发电站和电力用户连接在一起。

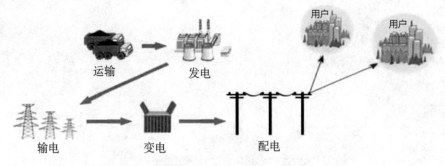

图6-1 电网将发电和用电连接在一起

（1）输电网

输电网的主要功能是长距离传输电能。它由高压电缆、铁塔（或水泥杆、木杆）及多组变电所组成。

通过提高输电的电压，可以有效降低电能传输时的功率损耗。根据其输电电压的高低，输电网又可分为110~220千伏的高压输电网、330~750千伏的超高压输电网和1 000千伏及以上的特高压输电网。

如图6-2所示，我们在旷野中常见这种铁塔就是输电网的一部分。由于输电线路电压等级高，所以绝缘技术是输电线路的关键核心技术。此外，为了保证供电品质的稳定，输电网会采用与多个不同种类的发电系统相连的方式运行。

图6-2　输电网铁塔

（2）配电网

配电网具有电能分配的作用，其电压等级通常在35千伏及以下，由架空线路、杆塔、电缆、配电变压器、开关设备、无功补偿电容等配电设备及附属设施组成。配电网通过配电设施实现电能的就地分配或者按电压逐级分配给各类用户。

如图6-3所示，这就是与用户相连接的配电网。

图6-3　配电网

电力的供给和需求通过输电网和配电网形成一体，但彼此间相对独立。现有技术尚无法支持电力能源大规模商业化存储，因此，电网需要维持电能生产与消费的随时平衡，当供大于求时电网周波将提高；当供不应求时电网周波将下降。此时，发电站汽轮发电机组根据电网周波变动自动调整负荷，如周波下降，则增加发电功率，这一部分由汽轮发电机组自动调整的功率称为一次调频。一次调频后，供需之间剩余的负荷不平衡将由电网调度中心向发电站下达负荷调整指令，这一部分负荷调整称为二次调频。电网周波是供电质量的标志，周波不稳定则供电质量下降。可见，电网将电力生产和电力用户紧密地连接在一起，发电企业、输配电网络、电力用户任何一方的事故，都会对电网的供电质量产生影响，严重时甚至造成电网停电，著名的美加大停电事故就是前车之鉴。

当然，存在用电高峰，自然就会存在用电低谷。当用电量处于低谷，需求量比较低的时候，发电企业就会以低负荷运转，经济效益随之下降。

为了扭转这种局面，就要削减用电高峰，填平用电低谷，即"削峰填谷"，因此采用分时电价的方式作为电网的电价制度，即用电高峰期的电价高；相反，用电低谷期的电价低。峰谷电价如图6-4所示。

图6-4 峰谷电价示意图

2. 热能的输送

人类如果想要生存，就需要热能。原始社会，人类最初的钻木取火成为获取热能的最直接的方式。但是在现代社会，钻木取火早已过去，那么如今的热又是怎么来的呢？

这一切都要归功于热源厂将热能生产出来后，由热网运送给用户。我们主要通过热电厂集中供热或者工业锅炉集中或分散供热，而热用户也分为工业用户和生活用户。如电网一样，热网是热能的传输系统，它通过热水或蒸汽管网将热源与用户连接（图6-5）。作为热源的热力公司通过调节热源的输出，以保证热网的热力供需平衡。

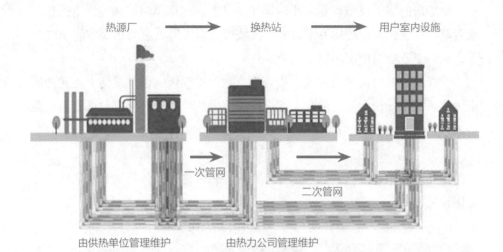

热源厂 ➡ 换热站 ➡ 用户室内设施

一次管网

二次管网

由供热单位管理维护   由热力公司管理维护

图6-5 热网通过热水或蒸汽管网将热源与用户连接示意图

（1）热电联产供热

热电联产是利用燃料的高品位热能发电后，将其低品位热能供热的综合利用能源的技术。目前我国大型火力电厂的平均发电效率约为40%，而热电厂供热时发电效率常常超过50%。假设10兆焦热量的燃料，采用热电联产方式，可产生2兆焦电力和7兆焦热量。根据法定的热耗分摊方法，发电热耗为10 MJ-7 MJ=3 MJ，这样，发电热效率为2 MJ/3 MJ=67%，热电厂的燃料利用率为（2 MJ+7 MJ）/10 MJ=0.9。可见，热电联产可以大幅度提高燃料利用率和发电热效率。同时热电厂可采用先进的脱硫装置和消烟除尘设备，产同样热量所造成的空气污染远小于中小型锅炉房。因此在条件允许时，应优先发展热电联产的供暖方式。

（2）区域燃煤锅炉房供热

区域燃煤锅炉房（图6-6）供热是我国常见的供热方式，它指的是由蒸汽锅炉或热水锅炉作为热源，向一个较大区域供应热能的系统。

图6-6 区域燃煤锅炉房

锅炉房的锅炉设备容量每小时在10吨以上，即每小时产10吨以上的热水或者蒸汽，供热面积超10万平方米。区域燃煤锅炉房供热的热效率达70%以上，远高于分散锅炉房小容量锅炉的热效率。

燃煤锅炉房的供热成本低、投资少、建设周期短、供热灵活，在我国城市供热系统中比较常见。但是，燃煤锅炉房供热的能源转化率较低，而且会造成严重的环境污染。

（3）工业供热系统

供热载热质有蒸汽和热水两种，相应的热网称为蒸汽热网和水热网。二者比较见表6-1。

表6-1　蒸汽热网和水热网比较表

项目热网	水热网	蒸汽热网
供热适应性	一般。有时难以满足工艺热负荷的温度要求。	强，可适用于各类热负荷。
供热距离	远。一般10千米，最远可达30千米	较近。一般为3~5千米，最远可达10千米
供热质量	供热速度慢；密度大；蓄热能力强；能进行量、质的调节；负荷变化大时仍可较稳定运行	供热速度快；密度小；只能进行量的调节
输运过程中的耗电	大，因为需要装设热网水循环泵	较小，若不回收凝结水，则不耗电
热设备投资	大	小，蒸汽的温度和传热系数远远大于水，故而可以适当减小换热器面积
供热效率	总效率约90%	总效率约60%
管网使用寿命	长，理论上20~30年	短，一般为5年

一般来说，相较于城市供暖，工业园区的空间较小，用户与热源之间的距离比较近，基本不会超过10千米。工业园内的热用户以企业为主，它们的某些工业过程必须用蒸汽，如汽锤、蒸汽搅拌、动力用汽等。结合上文中提到的蒸汽热网和水热网的特点比较，工业供热系统一般采用蒸汽供

热的方式（图6-7）。

就我国而言，政府的政策直接决定了供热市场的变化，起到了主导性的作用。从事供热的机构往往是国企或者地方的集体企业，具有一定垄断性，竞争性低。但由于供热收费涉及社会各阶层百姓的利益，所以供热的价格一般是由政府干预的。总而言之，供热市场是由政策保护及引导的、收益受政策限制的政策市场。

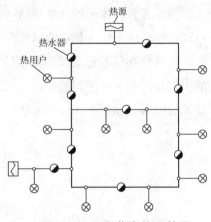

图6-7 工业蒸汽热网简图

大力发展热电联产集中供热方式，这是写入我国21世纪白皮书的基本国策，应从各方面予以支持和保证。只要有可能接入热电联产集中供热网的，就应要求接入，而不允许采用其他方式。

3. 江苏省及国内天然气发展现状

天然气是化石能源中最清洁的能源，伴随着"西气东输"工程的建成投用，江苏省天然气使用规模不断提升。

（1）多元化的天然气供应

江苏省的天然气供应呈现多元化特点。从 2015年江苏省天然气的来源可知，陆上供气为86.5%，海上供气为13.5%。陆地供气又由国产管道气和进口管道气组成，其中国产管道气主要来自塔里木、长庆、川渝和柴达木四大气区，年产量超过230亿立方米。进口管道气则主要来自土库曼斯坦、哈萨克斯坦等中亚国家，然后通过中亚管道和西气东输管道输送至江苏省。气源地相对稳定，储量比较多，供气能力较强。而进口海上气来自中石油江苏如东液化天然气，液化天然气在进口方式、价格等方面更为灵活，是管道气的重要补充。

从供气主体来看，江苏省天然气的供应主体为中石油，协助江苏省实现"气化江苏"的目标。2015年，中石油为江苏省供气的总量达138亿立方米，占江苏省整体天然气总量的85%。而中石化的供气量仅为25亿立方米，占江苏省整体天然气总量的15%。

天然气在江苏省能源消耗中的占比不断增加。2015年以165×10^8立方米的供气量占到一次能源的6.6%，2016年以180×10^8立方米的供气量占到一次能源的8.0%；而到了2017年，这一比例又升至8.7%（图6-8）。

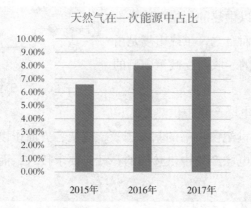

图6-8　天然气在江苏省一次能源中占比示意图

（2）天然气的供需关系

天然气主要应用在炊事取暖、发电、交通、化工等方面，截至2018年3月，江苏省天然气发电机组的发电量占全省发电量的9%，居全国首位。但是，我国天然气长期存在着供需矛盾，不断出现"气荒"的情况，其原因如下所示：

① 我国天然气的需求量近年来呈爆发式的增长，超过了预期，其中工业用气的增长高于民用。

② 我国天然气的供应目前主要以国产天然气为主，但国内天然气生产量和消费量的同比增速分别为4.13%和20.21%。相比之下，我们可以看出，天然气的供给增速明显滞后于需求增速。产能增长速度慢于需求增长速度，属于长期不平衡。

③ 天然气的需求受到气候的影响。比如，在冬天的时候，天然气的需求突然暴增，这时候天然气的供应通常相对比较紧张。受天气影响的不平

衡，属于短期不平衡。民用气高峰时段属于短期不平衡。

④ 天然气储气调峰能力和接收站接受天然气能力尚未成熟。我国天然气调配和应急机制不健全，紧急增供、保供能力受基础设施能力落后制约，这也影响着天然气的平稳供给。

当天然气的供需关系发生变动的时候，主要会影响到天然气管道的压力。比如当供大于求时，天然气管道的压力就会随之升高。所以，当天然气的供需关系发生变动的时候，天然气公司就起到了协调的作用。当天然气供不应求的时候，天然气公司将按照预定的顺序停用部分工业用户的供气；而当供大于求时，天然气公司将减少上游气源的来气，以维持天然气供求关系的平衡。短期的不平衡要注意生产计划的调度协调，长期的不平衡则要注意广开气源和节约用气。

（3）天然气应用建设的发展现状

天然气的应用不断扩大，能源占比也在逐年增加。以江苏省为例，截至2017年年底，江苏省已建成刘庄地下储气库1座，在建金坛地下储气库3座，储气能力约为6×10^8立方米。除此之外，建成沿海LNG（液化天然气）大型储罐3座，罐容为48×10^4立方米，在建沿海LNG大型储罐3座。2017年，江苏省的储气能力约占年总用气量的3.91%。

江苏省建成如东LNG接收站一期工程，接收能力达350×10^4吨/年，在建如东LNG接收站二期工程和广汇能源启东LNG分销转运站。

江苏省规划在"十三五"期间充分利用省内地下盐穴、废弃油气藏资源和沿海大型LNG接收站储罐，加快建设储气设施，将新建地下储气库3座、沿海大型LNG储罐13座。江苏省将力争实现地下储气库储气量达20×10^8立方米，沿海LNG接收基地的储罐罐容达238×10^4立方米，全省调峰储气能力约占年总用气量的10%。

同时，结合管网布局，利用江苏省的地理和区位优势，采用地下储气库与地上储罐相结合、沿海大型储罐与内陆小型储罐相结合的方式，建设储气设施，形成多层次、多模式的应急调峰体系，最终将江苏省建成长三角应急储气调峰中心和上海天然气交易平台交割地。

4. 消费者与供应者的双重身份

在传统的能源系统中，能源供应者和能源消费者的角色泾渭分明，但是这样的情况在可再生能源等新能源供应形态出现以后就不复存在了，能源消费者与供应者的界限逐渐模糊。下面，让我们共同走近生活中拥有能源消费者和供应者双重身份的例子。

（1）屋顶光伏电池系统

为了让太阳能发电所产生的电能更容易地被用户使用，我们一般将分布式太阳能光伏电池板铺设在房子的屋顶，这便是光伏屋顶电站。

光伏屋顶电站电力系统方案如图6-9、图6-10所示，各厂房屋顶的太阳能光伏电池板可以将太阳能转化为电能，通过汇流箱收集能量。但是，这些能量由于不稳定，需要通过直流柜和逆变柜的方式实现从直流电到交流电的转换，得到可供负载直接使用的高质量电能。

每组功率变换系统根据各厂房设计需求的不同，包含不同数量的交直流变换电路，配置监控系统对温度、辐照强度、电力系统运行情况进行实时监控，以保证系统安全正常地运行。

在这个过程中，通过吸收太阳辐射产生的电能不仅可以满足自身的用电需求，而且还可以将多余电能并入电网供其他用户使用，同时成为能源消费者和能源供应者。但是，由于太阳能电池组件的成本过高，制约了太阳能发电技术大规模的推广应用，相信随着光伏技术的不断进步、硅片价格的不断降低、电池转化效率的不断提升，光伏发电成本过高将不再是难题。

（2）电动汽车

常规汽车以燃油和燃气作为动力，电动汽车则以车载电源（电池）作为动力。电动汽车在行驶过程中消耗电池中的电能，则在其他时刻需要充电，在电池中储蓄能量。电动汽车在充电时，车辆需要接入电网成为能源消费者，增加了电网系统的用电负荷。

电动车的电池不仅可以驱动汽车的电机，还可以作为分布式储能单元，向电网反向馈电，成为能源供应者。通过控制电动汽车充放电的过程，让电动汽车在电力系统负荷高峰时放电、低谷时充电，实现电力系统的"削峰填谷"。

电动汽车作为分布式储能资源可以参与电力系统的频率调节，相比于传

图6-9 光伏屋顶

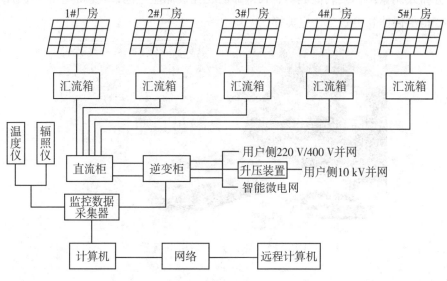

图6-10 光伏屋顶电站电力系统方案

统的系统调频电源,电动汽车的响应速度非常快。这样一来,便抑制了风能和太阳能发电时的波动,提高了新能源发电的利用效益和电网消纳新能源发电的能力。

"车—桩—网"的模式可以显著降低对电网最大负荷的影响，促进需求侧资源的协调运行，最大程度消纳新能源，降低配电网建设改造成本。该模式还具有以下优势：

① 电动汽车的电池可以为电网提供辅助服务。电动汽车的电池作为电网的缓冲，可以参与调峰或调频的工作，进而增加电网稳定性和可靠性，降低电力系统运营成本，同时可以为车主提供额外收入。该模式为免费使用汽车提供了可行性，这样的话，电动汽车不再仅仅是代步的交通工具，而摇身一变成为可以赚钱的手段。

② 电动汽车的电池提供了大量的临时性电源。电动汽车的电池成为可移动的临时性电源，在灾难发生的时候，只要有电动汽车，就有了电源，为救援工作提供了强大的能量支撑，尤其在为通信设备提供电源方面，该模式的优势更为明显。

未来，电动汽车与电网互动的模式（图6-11）可能是建立类似加油站的分布式能量站，安装低成本、长寿命的兆瓦级储能电池，我们的生活将因此变得更便捷、更智慧、更美好。

图6-11　电动汽车与电网互动

5. 多能互补发电

目前，我们发现的可利用的能源种类众多，优缺点也各有不同。多能互补发电指的是按照资源条件和用能对象的不同，采取多种能源互相补充的形式，充分利用各种能源的优势，规避各自的缺点，合理保护、利用自然资源，同时获得良好的环境效益的用能方式。

（1）多能互补发电的好处

由于风能和太阳能等新能源存在波动性、随机性等特点，在实际的规模化应用中存在能量难预测、难调度、难控制等技术难题而受到制约。

因此，多能互补发电可以实现在电力负荷低谷时将多余的新能源电能储存起来，然后在电力负荷高峰时售卖给电网，实现发电运行模式的多组态切换，具备平滑出力、跟踪计划、削峰填谷、调频等功能，实现了新能源发电的可预测、可控制、可调度的特性。

不仅如此，多能互补发电（图6-12）作为一种新的能源生产利用方式，可以有效地促进可再生能源的消纳，改善电能质量，提高输电效率，以及提高能源使用效率，改善局域供能系统，促进能源集成化、智能化、高效化应用，实现能源利用的覆盖面，减少无电、缺电人口。

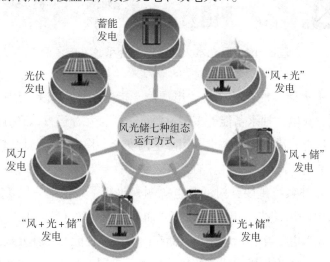

图6-12 "储能—风（光）电"互补运行方式示意图

总的来看，多能互补发电是传统能源体系向现代能源体系过渡的重要措施和手段。

（2）多能互补发电的模式

互补的概念源于能源的时间特性，例如，风光互补，白天有太阳能但风能较小，晚上没有太阳能但风能较强，按照一定的比例，建设风力发电和光伏发电，可以保证其昼夜发电基本均衡等。

多能互补发电主要有风光水火储多能互补系统（电源侧）（图6-13）和终端一体化集成供能系统（用户侧）两种模式。

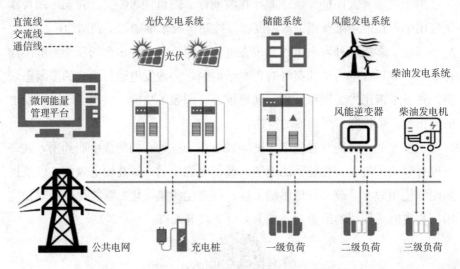

图6-13　风光水火储多能互补系统（电源侧）

风光水火储多能互补系统（电源侧）指的是将电力系统中的水电、风电、光电、火电、抽水蓄能等多种电源进行联合互补运行，充分发挥各类电源的自身优势，满足用电需求，保障电网安全、稳定运行，促进可再生能源的发展和消纳，同时获得良好的经济效益、社会效益与环境效益。

这种互补系统主要针对的是电源侧，包括了"水电—风（光）电"互补、"火电—风（光）电"互补、"抽水蓄能—风（光）电"互补、"储能—风（光）电"互补、风光水火储在内的等多种能源互补方式。

而终端一体化集成供能系统（用户侧）（图6-14）指的是面向终端用户电、热、冷、气等多种用能需求，因地制宜，统筹开发，互补利用传统能源和新能源，优化布局建设一体化集成供能基础设施，以实现多能协同供应和能源综合梯级利用。

这类系统主要针对的是用户侧，包括了天然气分布式能源、分布式可再生能源和能源智能微网等方式。

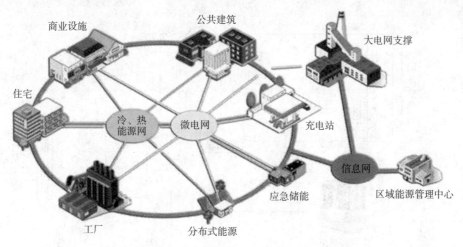

图6-14 终端一体化集成供能系统（用户侧）

6. 多能互补供热

多能互补供热，指的是通过能源合理配置，将集中供热系统、太阳能供热系统、热泵供热系统、热储能系统进行有机结合，实现多能互补供热。其中多能互补指的是多种能源联合供能或者是多种能源在时间上的互相补充。例如，风光互补是说太阳能白天有，夜晚无，而风能恰恰相反，白天少，夜晚多，这样在区域内按照一定的比例配置光伏发电和风力发电，则白天和晚上均可以得到清洁电力（图6-15）。

多能互补供热可根据各系统的运行特点制订合理的控制策略，实现能源的有效配置，在满足系统稳定、可靠的前提下，充分利用可再生清洁能源，提高供热效率，解决供热的供需矛盾，减少环境污染，降低成本，实现其经济效益和社会效益的最大化。下面让我们为大家介绍几个不同的多能互补供热的案例。

（1）太阳能集热系统

太阳能集热系统指的是通过太阳能集热器制取热水并将热量储存在蓄热水箱中，当蓄热水温度较高时，可直接供给末端使用的系统（图6-16）。

在这样的系统中，太阳能集热器可以满足用户的热水需求，但是太阳能只能在白天使用，晚上就没办法满足用户的热水需求。那么，如果我们采用太阳能热水器和储热罐相结合的能源互补的方式，白天产生的多余热水可以

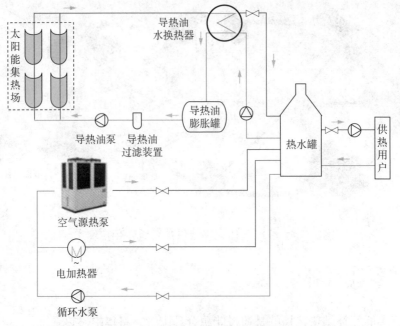

图6-15 多种能源协同互补供热

存放在保温良好的储热罐中，以满足用户在晚上的热水需求。

（2）集中供热管网系统

集中供热管网系统指的是来自市政一次管网的比如高温热水或蒸汽等热源，通过换热站换热后由二次管网输送给供热末端使用。

（3）热泵系统

泵是一种通过消耗电能来输运流体的装置，能够将本来低压、低速的流体变成高压、高速流体。而热泵（图6-17）则是一种以逆循环方式迫使热量从低温物体流向高温物体的机械装置。热泵仅仅需要消耗少量的逆循环净功，就可以得到较大的供热量，可以有效地利用低品位热能，最终达到节能的目的。

地源热泵主要由地下换热系统、水源的热泵机组、"暖气管道"和"家用空调器"系统等部分组成（图6-18）。地下换热系统，指的是将井打到地

图6-16 太阳能热水器+储热罐储热

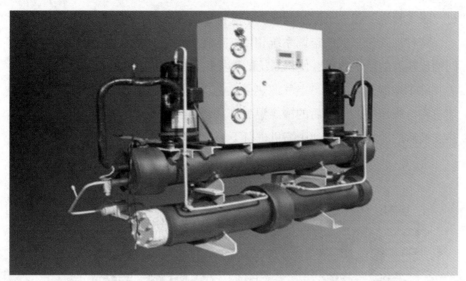

图6-17 热泵外观图

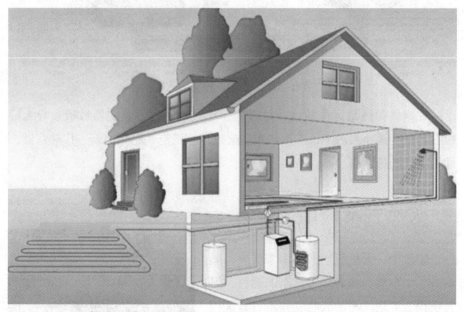

图6-18 地源热泵示意图

下的储水层，冬天抽取地下水，通过冷媒/水热交换器吸收热量供居民住宅的暖气使用；夏天通过空调器散发的热量加热水，然后回灌到地下储水层，而水源的热泵机组指的是抽取地下水和热水回灌的泵机与管道系统。最后通过"暖气管道"和"家用空调器"系统将热能为我们所用。

这种形式与一般的空调系统相比，运转更稳定，并且由于土壤与热泵之间的比较高的换热效率，使得系统的热量损失也比较少。

除了地源热泵之外，空气源热泵也是热泵的一种应用。空气源热泵的压缩机将冷媒压缩，压缩后的冷媒温度升高，经过水箱中的冷凝器制造热水，热交换后的冷媒再次回到压缩机进行下一轮循环（图6-19）。

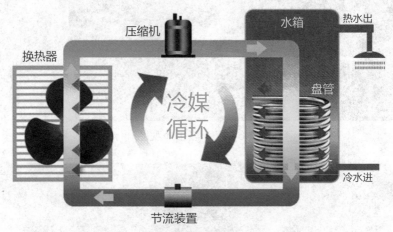

图6-19　空气源热泵示意图

在空气源热泵运作的这一过程中，空气热量通过蒸发器被吸收导入冷媒，再由冷媒导入水中，产生热水。通过压缩机空气制热的新一代热水器，即为空气能热泵热水器。

7. 天然气不只用于取暖

印象中，天然气通常都用来炊事（图6-20）、取暖，或者作为汽车的燃料，但其实作为清洁能源的天然气并不只有这些用途。在人们的不断探索中，天然气形成了一个既可以发电，又可以供热的新型能源系统，充分满足人们的种种需求。

这种系统就是燃气—蒸汽联合循环

图6-20　燃气灶中的火焰

热电联产系统，天然气作为该系统的燃料在燃气轮机的燃烧室内与空气混合燃烧，将产生的高温、高压烟气导入至燃气透平内做功，推动透平转子旋转，并带动发电机做功，输出电能。而这个过程中产生的尾气存在余热，可以将其导入至余热锅炉内生产高温蒸汽和高温热水，蒸汽推动汽轮机做功，以带动发电机发电，可以提高燃料化学能与机械能的转

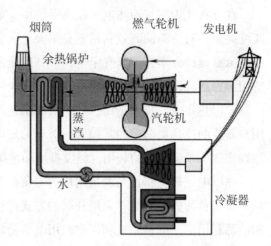

图6-21 燃气—蒸汽联合循环

化效率，通过汽轮机抽气和热水可以实现供热（图6-21）。

　　如果再采用电力或热能分别驱动压缩式制冷或吸收式制冷，以满足用户的冷量需求，就是分布式天然气冷热电三联供系统（图6-22）。

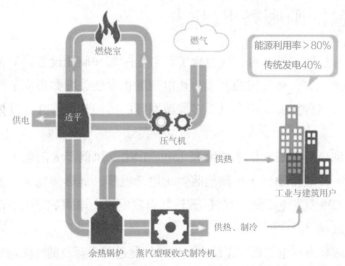

图6-22 分布式天然气冷热电三联供系统示意图

　　分布式天然气冷热电三联供系统因其燃烧的是天然气，所以污染少，相对清洁，而且就近供能网络传输的损失小，其能源利用率高，大于80%。

在分布式天然气冷热电三联供系统中，如何确定冷热电三种负荷之间的匹配关系，对能源的高效利用意义重大。而分布式能源系统的配置原则主要有能源岛设计方案、"以气定电"、"以热定电"和"以电定热"等，其中应用最广泛且设计比较合理的是"以热定电"与"以电定热"两种。

"以热定电"将根据用户的热负荷量选择发电机组的容量，然后在确保用户需要的冷热负荷量的基础上，对动力发电装置进行合理的选择。该配置原则实现了系统余热的利用，但没有增加系统的能源利用率。

"以电定热"将首先满足用户的电负荷需求，在系统余热没办法满足用户对冷热负荷的需求时，采用补燃的方式进行补充。该配置原则提升了系统的能源利用率，但是系统和用户的用电负荷均需要根据动力装置不断调整，运行起来比较复杂。

只有根据实际情况选择采用什么样的原则进行分布式天然气冷热电三联供系统的能源配置，才能更好地实现分布式天然气冷热电三联供系统对能源的梯级利用。

8. 综合能源服务平台

如果有这样一个平台，既包含了可再生能源和储能设备，又接入大电网、大热网、大天然气网的区域冷热电三联供系统，宛如形成了能源的航母战斗群，多种能源的配合以及多能源网际的协同，能够充分发挥该系统的效能。

区域型冷热电三联供系统由源（电、LNG、风能、太阳能）、能源网（电力网、冷热传输网）、储能装置（电动汽车、储热装置）、能源转换装置（LNG冷能发电系统、燃气-蒸汽联合发电机、电锅炉、电制冷装置）四部分组成。

在区域型冷热电三联供系统中，LNG气化过程中释放的冷能通过低温朗肯循环法进行发电，气化后的气态天然气在燃气轮机中进行燃烧发电，余热锅炉收集在这个过程中排放的高温烟气，并产生高温蒸汽进入蒸汽轮机，推动蒸汽轮机进行发电，最后收集余热锅炉排放出的低温烟气和蒸汽轮机排放的蒸汽废热用于供热。如果余热不足以供应用户的冷负荷和热负荷时，可以分别采用电制冷装置制冷和电锅炉供热的方式进行能量补充。

该系统通过调配冷热电源，实现了各个冷热电源之间的协同供应和能源的高效、梯阶、互补利用，能源利用效率比传统的冷热电三联供系统更高。

综合能源服务平台是政府主导的跨不同能源网络的平台，它能够实现多能源网络之间的能源替代，有效改善能源的供应状况。

综合能源服务平台（图6-23）通过智能仪表和高级计量体系采集居民区、商业区和产业区的能量需求，各种设备的运行状态，可再生能源发电出力、电网电价、天然气价格等信息，在满足负荷需求和设备运行约束的前提下，积极响应电网的分时电价政策，优化调度该系统在各个时段的电能购买量和回馈电量、天然气进气量、电动汽车充电和放电量等内容，最终实现电能、液化天然气、太阳能、风能、储能的综合利用，获取最大的经济效益。

图6-23 综合能源服务平台示意图

区域型冷热电三联供互联系统的协同运行可分为与大电网的协同运行和冷热电三联供之间的互补运行两类。

（1）与大电网的协同运行

多源链式微网中的电能通过配电网进入每个区域的用户，在电网负荷高峰时，系统可以通过增加燃气轮机组的出力，在满足电负荷需求的同时，将储能设备中多余的电能回馈给电网；而在电网负荷低谷的时候，系统将会减少燃气轮机组的出力，将电能储存在储能设备中。区域型冷热电三联供互联系统通过与大电网、分布式可再生能源协同运行，减小了大电网的电力负荷峰谷差，改善了动态负荷变化对电力系统稳定运行的影响，提高了经济效益。

（2）冷热电三联供之间的互补运行

多能源网互联系统通过电能辐射网和多源环状冷热网，调配各个区域的电源、热源进行冷热电的互补和分配，实现多个冷热电三联供的协同供电、供热和供冷。在这样的系统中，如果其中一个冷热电三联供单元发生故障，出现故障的区域负荷可由其他区域的冷热电三联供单元联合分担。如此一来，不仅有效地提高了各区域冷热电供应的稳定性和可靠性，还实现了各区域能源的最大化利用。

区域型冷热电三联供互联系统通过与大电网的协同运行和冷热电三联供之间的互补运行，不仅实现了对电力、燃气负荷"削峰填谷"和新能源的规模化利用，还减少了化石燃料的消耗，提高了对区域内能源供应的可靠性。

9. 实现用电优化的响应机制

传统的能源供应网络相对独立，运营者通过调节能源供应侧来保证能源的供需平衡，但这种刚性的调节方式不能保证能源网络的质量。综合能源服务平台的建设可以有效地协调能源供应者与能源消费者之间的利益分配，实现供需协同。

能源需求响应是综合能源服务平台对需求侧管理的重要技术手段，它指的是通过用户对价格或激励做出响应，改变原有的能源消费模式，从而实现用电优化和系统资源优化（图6-24）。

能源需求响应引入的是市场机制，不具有行政色彩，尊重用户的用能习惯和规律，给予用户更多的自主选择权。在能源需求响应的技术下，能够有效地缓解能源供需的矛盾，降低电力系统的高峰负荷，促进节能减排，保证系统安全、可靠、经济地运行，是能源行业科学发展的必然选择。

能源需求响应可分为系统导向型和市场导向型。按照不同的响应方式，

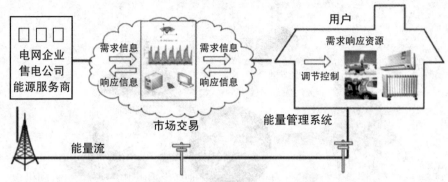

图6-24　能源需求响应示意图

需求响应可分为基于价格的能源需求响应和基于激励的能源需求响应。基于价格的能源需求响应指的是依据分时电价、实时电价、尖峰电价等零售电价的变化而相应调整用能需求；而基于激励的能源需求响应则指的是通过制定确定性的或者随时间变化的激励政策，使参与需求响应的用户直接获得经济补偿或者电价优惠。

研究负荷响应行为及影响因素是设计需求响应机制的基础和前提，设计内容主要有电价机制、激励机制和实施模式。

10. 智慧能源

智慧能源（图6-25）指的是通过物联网和移动通信技术，获取能源供应者与需求者在当前与未来的能源需求，然后综合考虑能源价格的市场影响，制订合理可行的协同优化策略，保证能源系统的安全和高质量供能，维护各能源系统参与者的利益。

目前，我国的经济正处于由高速增长向高质量发展的阶段，消费结构正从商品消费为主转向商品消费与服务消费双轮驱动。在这样的经济发展趋势影响下，能源领域商品化和服务化的理念也逐渐明显，整个能源行业的关注点从供给侧转移到消费侧，为消费者提供更好的能源消费体验、个性化定制方案为核心目标。

而智慧能源正好将"能源即服务"这种新型的能源消费理念推广开来。能源消费者在能源商品的消费过程中，更注重其经济性、安全性、舒适性、

图6-25 智慧能源示意图

环保性，"为能源买单"的同时，也开始"为能源服务买单"。在智慧能源的作用下，能源消费向"商品化"和"服务化"转型升级。

不同品种的能源在传统的能源服务体系中相互独立发展，但在智慧能源体系中，集中式和分布式能源供给方式并存。不同的能源品种间的行政壁垒和技术壁垒逐渐被打破，跨部门、跨领域协调互补能力增强，能源消费者在综合能源服务商的协助下，可根据自身意愿实现能源生产、存储、使用的优化协调，以及能源生产—输送—使用的一体化。

德国莱茵鲁尔地区的E-DeMa项目和美国能源部的 FREEDM 项目，都是国际上典型的能源生产者—消费者实践。能源的流向在这些项目中呈现多样性，每个用户既是能源消费者，同时也是能源供应者。

智慧能源将推动信息通信技术在能源系统广泛应用，加快能源消费向"智能化"转型升级。我们可以利用云计算、大数据、人工智能、物联网等技术对海量数据进行优化、分析、判断、决策，从而实现对能源的供需进行判断和管控。

在这样的基础上形成的能源消费辅助决策系统，在未来将为能源消费者提供在什么时候、以什么方式、用什么能源、用谁提供的能源、满足什么需求的系统性、智能化解决方案。不过，目前这种系统处于起步状态，功能实现还远远达不到预期，智慧能源平台经济将成为未来发展的一片蓝海（图6-26）。

图6-26 能源互联网云平台示意图

在能源技术上，智慧能源将推动能源系统的高度耦合互动，促进能源产业和信息产业高度融合，实现不同品种的能源间的灵活转化以及替代，帮助消费者进行能源决策。

在商业模式上，智慧能源将使能源产业在供给侧的运营重点不断倾斜至用户消费侧，打通能源产业与用户间的"最后一千米"，促进能源生产、传输、分配、消费的良性循环。

相信在不久的未来，能源领域体制机制改革将在智慧能源的作用下不断向前推进，能源消费将实现"市场化"的转型升级，最终形成"能源互联网"。